纸寿千年 墨韵万变

临朐桑皮纸技艺
传承与创新

李加明◎著

中国纺织出版社有限公司

内 容 提 要

本书系统阐述了临朐桑皮纸制作工艺的历史渊源、技术特点以及未来发展方向，并从临朐桑皮纸技艺传承、创新发展、市场推广等多个角度出发，深入研究临朐桑皮纸的生产工艺、工匠精神以及转化为有影响力的品牌，旨在为保护和传承中国传统工艺，推动地方特色产业的发展提供指导和思路。

本书可供非遗研究者、从业者以及文化爱好者阅读参考。

图书在版编目（CIP）数据

纸寿千年　墨韵万变：临朐桑皮纸技艺传承与创新 / 李加明著 . -- 北京 ： 中国纺织出版社有限公司，2023.11

ISBN 978-7-5229-1039-0

Ⅰ. ①纸… Ⅱ. ①李… Ⅲ. ①造纸－生产工艺－临朐县 Ⅳ. ① TS75

中国国家版本馆 CIP 数据核字（2023）第 179801 号

责任编辑：范雨昕　责任校对：高　涵　责任印制：王艳丽

中国纺织出版社有限公司出版发行
地址：北京市朝阳区百子湾东里 A407 号楼　邮政编码：100124
销售电话：010—67004422　传真：010—87155801
http://www.c-textilep.com
中国纺织出版社天猫旗舰店
官方微博 http://weibo.com/2119887771
三河市宏盛印务有限公司印刷　各地新华书店经销
2023 年 11 月第 1 版第 1 次印刷
开本：787×1092　1/16　印张：11.5
字数：174 千字　定价：88.00 元

凡购本书，如有缺页、倒页、脱页，由本社图书营销中心调换

重拾经典　擦亮沧海遗珠

与临朐桑皮纸的遇见，实属偶然。

2020 年上半年，我主持承担了潍坊市政策评估工作。在项目进行中，我和团队的同志们走访了潍坊的各级老字号。当调研至临朐县时，我们被临朐桑皮纸精湛独特的制作技艺、厚重丰富的文化底蕴所折服。

持续深化产教融合、促进文化传承、赋能区域经济社会发展是职业教育的基本职能。在深入了解临朐桑皮纸传承发展情况的基础上，2020年底，我主持申报了山东省职业教育技艺技能传承创新平台——临朐桑皮纸技艺传承与品牌推广创新平台，其后立项山东省教育科学规划创新素养专项重点课题"基于技艺技能传承创新平台的纸文化非遗创新人才培育研究"，以期和团队的同志们一起以职教力量助力非遗传承，带动三产融合发展。

造纸术，是我国古代科学技术的四大发明之一。它与指南针、火药、印刷术一起，为我国古代文化的繁荣提供了物质技术基础。纸的发明结束了古代简牍繁复的历史，极大地促进了文化的传播与发展。

山东的桑蚕业历史悠久，春秋战国时期，齐地已成为桑蚕生产发达的地区之一。汉代"皎洁如霜雪"的"齐纨"经丝绸之路销往西域各地。据《史记·货殖列传》记载，"齐、鲁桑麻千亩"，杜甫诗中亦有"齐纨鲁缟车班班，男耕女桑不相失"，反映了当时齐地桑蚕生产的盛况。收藏于故宫博物院唐代韩滉的《五牛图》就是在桑皮纸上创作的，距今已有1200多年。

临朐是历史上的养蚕大县，境内遍植桑树，为桑皮纸的制作提供了充足的原料。龙泉河水从纸坊村中横穿而过，为桑皮纸的生产提供了优质水源，自古就有"好水好皮，捞纸不愁"的俗话。

临朐桑皮纸起源于汉代，出自左伯纸系，素有"寿纸千年"的美誉，被称为"山东老纸"。临朐桑皮纸制作周期长，工艺道道精湛。桑皮纸手感绵软、纤维细长、耐损耐磨、吸水性好、防虫蛀、易保存、着色后不易褪色、久藏不变色，具有独特的墨韵特性，又被誉为"纸中丝绸"。

2009年，临朐桑皮纸技艺入选山东省非物质文化遗产名录，但捞纸工艺由祖辈口述手授，代代相传，由于年代久远，又无文字记录，工艺面临失传。

课题组探索了"1+3"建设模式，即以创新平台为依托，通过开发文化创意产品、打造IP、强化文旅融合，以职教力量助力非遗打破圈层，与更多热爱者相遇，带动活态传承和三产融合发展，以职教力量盘活文化遗产，带火"冷门绝学"，助力乡村振兴和"三全育人"综合改革。

笺短情长，寸心难寄。一张纸的前世今生，既是文明的延续，也是精神的传承。一张纸，承载着无数文人的悲喜。诗中有"马上相逢无纸笔，凭君传语报平安"，也有"我亦随人投数纸，世情嫌简不嫌虚"，还有"嵩云秦树久离居，双鲤迢迢一纸书"……

纸寿千年，墨韵万变。本书是课题组核心成员李加明老师呕心沥血之作，也得益于课题组全体成员的辛勤付出。让我们重拾经典，擦亮沧海遗珠，期待临朐桑皮纸非遗传承与品牌推广的研究与实践能够实现更大突破，取得更多成果，共同传承发扬这一宝贵的文化遗产。

正应了那句话：世间所有相遇，都是久别重逢。

山东省职业教育技艺技能传承创新平台

山东省教育科学规划创新素养专项重点课题主持人

李逾男

2023年8月于山东潍坊

前言 PREFACE

　　中国文化源远流长，许多精湛的传统技艺一直以来都是中华民族的瑰宝。临朐桑皮纸作为中国古老的传统工艺，不仅承载着丰富的历史文化内涵，更是一种表现智慧与创意的精湛工艺。临朐桑皮纸，不仅是一张又一张承载着岁月记忆的纸，更是一段又一段传承创新的历程。本书以此为主题，旨在深入研究和探讨这一古老技艺的传承之路以及如何将其进行创新转化，为传统文化的传承与发展尽一份微薄之力。

　　临朐，地处鲁中，属沂蒙革命老区，素有"书画之乡"的美誉。临朐桑皮纸，作为临朐独特的手工艺品，以其精湛的工艺和深厚的文化内涵，吸引了众多文化爱好者的关注。在这张纸的背后，是古老的手工技艺，是工匠世代传承的匠心，更是中国传统文化的继承与发展。然而，随着社会的发展和现代化技术的冲击，临朐桑皮纸的传承遇到了新的挑战。本书将深入挖掘临朐桑皮纸技艺的历史渊源，解读其技术特点和文化内涵，探讨工匠精神传承的重要性，以期为这一传统技艺寻找更好的传承之道。

然而，单纯的传承并不足以保障这一传统技艺的生存和发展。面对当今多元化的市场需求，如何将临朐桑皮纸创新并转化为富有品牌价值的文化产品，是人们面临的重要课题。本书将以品牌推广为切入点，探讨如何将临朐桑皮纸融入现代审美和消费需求，打造具有独特魅力的品牌形象，提升其影响力和市场竞争力。

在撰写本书的过程中，笔者收集了大量资料，深入实地调研，与临朐桑皮纸的从业者、传承人进行深入交流。同时，也汲取了相关领域的研究成果，借鉴国内外的经验，力求为读者提供一本既有理论深度，又有实践案例的专著。希望本书的出版能够更好地促进临朐桑皮纸这一传统技艺的传承与创新，为其注入新的生机和活力，使其在当代社会中焕发出新的生命力。

本研究为山东省教育科学规划创新素养专项重点课题：基于技艺技能传承创新平台的纸文化非遗创新人才培育研究（批准号：2022CZD032）。

最后，笔者要对多年来关心和支持临朐桑皮纸传承的各界人士表示衷心的感谢。也希望本书能够为传承中国传统工艺、推动地方特色产业发展提供有益的参考，成为研究者、从业者以及文化爱好者宝贵的工具书。愿临朐桑皮纸这一璀璨的技艺，在大家共同的努力下，得以继续传承，为中华文化的繁荣发展做出新的贡献。

李加明

2023 年 6 月

目 录 CONTENTS

第五章　临朐桑皮纸制作技艺传承困境及解决思路

第六章　临朐桑皮纸非遗传承与品牌推广的关系

第一章

引言

第一节 | 研究的背景和意义

一、研究的背景

非物质文化遗产（简称非遗）是各族人民世代相传的传统文化表现形式，被视为其文化遗产的一部分。它包括口头传统、表演艺术、社会实践、仪式、节日等各种非物质形式，以及与这些形式相关的实物和场所。非物质文化遗产承载着一个国家和民族的历史文化成就，是其优秀传统文化的重要组成部分。非遗的保护和传承已成为全球范围内的重要议题，但同时也面临着许多挑战和问题。

桑皮纸是一种源远流长的传统纸张制作工艺，承载着丰富的历史文化和技术传统。然而，随着现代科技的进步和工业化的发展，传统手工工艺面临着被边缘化和遗忘的危险。为了保护和传承桑皮纸制作工艺，并推广其独特的品牌价值，对桑皮纸制作工艺的非遗传承与品牌推广进行深入研究具有重要的现实意义和学术价值。

（一）非遗传承面临困境与品牌推广价值

随着全球化和现代化的快速发展，非遗面临着日益严峻的困境。一方面，许多非遗项目面临传承断裂的危险。年轻一代对传统技艺的兴趣逐渐减少，传承者和传统工艺师的老龄化问题日益突出。许多传统的非遗技艺面临技艺传承的危机，一些独特的制作工艺可能会逐渐消失，使非遗面临消失的风险。另一方面，非遗的商业化剥夺也是一个重要的问题。非遗作为独特的文化资源，具有巨大的经济潜力。然而，过度商业化和市场竞争可能导致非遗的扭曲和失去原始的文化价值。一些非遗项目为了迎合市场需求，不得不改变原有的制作工艺或传统的价值观念，从而导致非遗的纯正性和独特性受到威胁。

在这样的背景下，品牌推广成为非遗保护和传承的重要途径之一。品牌推广通过市场营销和传播手段，为产品、服务或组织建立独特的形象、认知和价值，从而提高其市场竞争力和影响力。对于非遗来说，品牌推广可以将非遗与现代社会相结合，使其得到更广泛的认知和传播，提高其在市场上的地位和影响力。

传承与品牌推广的结合不仅可以保护和传承非遗的核心价值，还可以为非遗赋予现代化的形象和市场化的力量。传承保证了非遗的延续性和纯正性，而品牌推广则为非遗赋予了市场认知度和商业价值。传承与品牌推广的相互关系为非遗带来了新的发展机遇和挑战，为非遗的保护、传承和创新发展提供了新的路径和策略。

（二）桑皮纸制作工艺的历史与文化价值

桑皮纸制作工艺作为一项重要的传统手工艺，源远流长，具有丰富的历史和文化内涵。据史书记载，早在两千多年前的中国东汉时期，桑皮纸就已经开始被广泛使用。它是以桑树皮为原料，经过一系列工艺加工制成的纸张，具有优良的质地和特殊的质感。桑皮纸以其独特的纹理、柔软的手感和耐久的特性而闻名，被广泛用于书写、绘画、书法、民俗制品等领域。

桑皮纸不仅在纸张制作技术上具有独特的特点，更重要的是它蕴含着深厚的文化内涵。在中国传统文化中，桑树被视为圣树，桑皮纸被视为高贵和珍贵的文化象征。它是中国古代文人雅士创作诗词、绘画和书法的重要媒介，也是历史文献和文化遗产的珍贵载体。桑皮纸制作工艺通过其独特的艺术性和文化价值，传承了悠久的文化传统，展现了中国传统文化的独特魅力。

（三）桑皮纸制作工艺的非遗传承问题

随着现代化的快速发展和工业化的普及，传统手工艺正面临着失传和被边缘化的风险。桑皮纸制作工艺也不例外。现代化的生产方式和机械化技术的引入，使纸张生产更加高效和规模化，而传统的桑皮纸制作工艺则逐渐过时和被忽视。许多手工艺人面临生计压力和缺乏传承者的困境，导致桑皮纸制作工艺的传承面临巨大的挑战。

桑皮纸制作工艺的非遗传承问题涉及多个方面。首先，制作桑皮纸的工艺流程烦琐，需要手工操作和经验积累，传统技艺需要代代相传，才能确保工艺的传承和发展。然而，年轻一代对于传统手工艺的兴趣逐渐减弱，缺乏传承的愿望和机会，导致传统工艺的延续受到限制。其次，桑皮纸制作工艺的非遗传承还面临材料资源的问题。桑树作为制作桑皮纸的主要原料，其种植和采集也受到限制。

由于现代农业和工业的发展，桑树种植的规模减小，采集桑皮的传统方式也面临很多问题。这导致了桑皮纸制作工艺的材料供应不稳定和成本上升，进一步影响了非遗传承的可持续性。最后，桑皮纸制作工艺的非遗传承还受到市场需求和经济效益的影响。在现代社会，市场竞争激烈，消费者对于纸张产品的需求也在不断变化。传统的桑皮纸在质感和外观上与现代纸张有所不同，无法满足大规模生产和商业化运作的需求。这导致桑皮纸的市场份额相对较小，品牌知名度有限，给非遗传承和工艺保护带来了困难。

（四）临朐桑皮纸非遗传承与品牌推广效果显著

随着时代进步，许多传统非物质文化遗产的保护和传承方式也随之演变。过去的救助性保护和展览式传播方式逐渐地向生产实践和日常生活体验方面回归，非物质文化遗产工艺品不仅出现在博物馆中，也进入了普通百姓的日常生活。同时，非物质文化遗产资源也有机地融入了文化生活，深度嵌入了文化产业的发展。这种融合展示了时代特色的变化和创意的活力。目前，临朐桑皮纸作为非遗创新中的一个重要代表，形成了多种横跨不同领域的"非遗+"形式。

在这个想法中，笔者意在运用"非物质文化遗产＋文化创意"的理念，将非遗元素融入具有创意的产品中，并与潍坊风筝、高密剪纸、扑灰年画、杨家埠木版年画等传统文化元素进行融合。通过设计和制作台灯、扇子、雨伞、书签、壁纸等一系列实用的生活用品，展示出工艺之美和匠心，满足了人们对于高品质生活的追求。借助于创意，将高档书画用纸与文化创意产品相结合，不仅在古籍印刷、书画制作、典籍修复等领域应用，还将其拓展到桑皮纸风筝、年画、剪纸、医药用纸、家居装修等领域。截至目前，已经研发出了50多种文化创意产品，并推出了桑叶养生茶，为这千年的非物质文化遗产注入了新的动力和活力。

文化遗产非物质遗产加文化旅游的结合，通过利用非遗资源来打造独特的文化旅游品牌。积极创建临朐桑皮纸手工造纸作坊和临朐桑皮纸手工造纸特色体验村，协助非遗传承人参与"秀美临朐"短视频展播和"潍美"公共文化空间评选活动。推动桑皮纸制作技艺、桑葚采摘、桑叶茶等产业链的发展，促进当地桑树种植、蚕养殖、丝绸加工、纸张制作、乡村旅游和文化创意产业等三个产业的融合，推动乡村振兴。

随着对非物质文化遗产技艺进行艺术表现手法的更新，建设了高标准新媒体运营中心。运营中心包括了摄影摄像采集实训室、新媒体直播实训室和新媒体创意工作室。可进行实地拍摄短视频，并通过抖音、淘宝等网络平台进行了直播，以推广和销售非遗产品，扩展整个非遗产业链。开发了"笺短情长"公众号，打造"桑皮纸工匠大师"的知识产权。该公众号将通过展示个人作品、分享教学视频以及介绍非遗知识等形式，拉近非遗遗产与常人之间的距离，吸引大量读者。

二、研究的意义

研究桑皮纸制作工艺的非遗传承问题具有重要的现实意义。保护和传承桑皮纸制作工艺，不仅可以保护和传承传统文化，维护民族文化的多样性，还可以促进手工艺人的生计和社会经济的可持续发展。同时，推广桑皮纸的品牌价值，将其与现代文化和市场需求相结合，可以拓展桑皮纸的应用领域，提升其市场竞争力和经济价值。

（一）保护和传承传统文化

桑皮纸作为一种重要的文化遗产，承载着历史和人们的智慧。通过深入研究和记录传统的制作工艺、技术和材料，可以确保这些宝贵的知识和技能代代相传。非遗传承的实施可以通过培养年轻一代对桑皮纸制作工艺的兴趣和参与，传递文化价值和工艺技能，使其得以延续和发展。

（二）促进区域经济发展

桑皮纸作为一种独特的纸张制品，具有特殊的质感和艺术性，具备广阔的市场潜力。通过改进制作工艺、提高生产效率和探索新的应用领域，可以提升桑皮纸的市场竞争力和经济价值。将桑皮纸与现代文化、艺术和设计相结合，推出更多具有创新性和独特性的产品，可以满足不同消费群体的需求，拓展市场份额，并为手工艺人提供更多就业机会和经济收益。

（三）促进文化旅游和地方发展

作为一种具有独特文化价值的手工艺品，桑皮纸可以与旅游业相结合，成为地方文化旅游的重要资源和吸引力。通过打造桑皮纸文化村、艺术展览和工艺体验等项目，可以吸引更多的游客和文化爱好者前来参观和体验，推动当地旅游业的发展，提升地方经济的繁荣。

（四）促进学术研究和学科交叉

桑皮纸制作工艺涉及艺术、文化、传媒、经济等多个学科领域的交叉研究。通过深入研究桑皮纸的历史、材料、工艺技术和市场需求，可以拓展相关学科的研究领域和深度。学术研究可以进一步探索桑皮纸制作工艺的艺术性、可持续性和创新性，挖掘其潜在的文化和经济价值。同时，学科交叉的研究可以促进不同领域之间的合作与交流，推动创新和发展。

综上所述，研究桑皮纸制作工艺的非遗传承与品牌推广具有重要的研究背景和意义。保护和传承桑皮纸制作工艺有助于维护传统文化的多样性和独特性，促进文化传承和社会和谐。品牌推广可以提升桑皮纸的市场竞争力和经济价值，促进经济发展和地方繁荣。此外，研究桑皮纸制作工艺还可以促进学术研究和学科交叉，推动相关学科的发展和创新。因此，深入研究桑皮纸制作工艺的非遗传承与品牌推广对于保护传统文化、促进经济发展和学术研究具有重要的意义和价值。

第二节 | 研究的方法与目的

一、研究的方法

在本书写作过程中，笔者作为山东省职业教育技艺技能传承创新平台——临朐桑皮纸技艺传承与品牌推广创新平台的主要成员，依托平台研究的便利，通过阅读文献、实地调查访谈、桑皮纸性能试验等方法开展研究。

（一）文献研究法

文献研究法是通过查阅相关文献资料，系统梳理和分析已有的研究成果，获取相关领域的理论基础和研究动态。在研究中，运用文献研究法对桑皮纸的历史、制作工艺、文化价值、市场现状等方面的文献资料进行搜集、整理和分析，为后续研究提供理论依据。

（二）实地调查法

实地调查法是通过对临朐县桑皮纸制作工艺的实地考察和调查，获取一手的研究数据和信息。通过走访相关的手工艺人、工坊和文化遗产保护机构，观察和记录桑皮纸的制作过程、技艺传承现状、材料使用情况等，深入了解实际情况，为后续的研究分析提供实证数据。

（三）访谈法

访谈法是通过与相关的专家学者、手工艺人、文化管理者等进行深入交流和访谈，获取他们的经验、见解和意见。在研究桑皮纸制作工艺非遗传承与品牌推广的过程中，邀请具有丰富经验和专业知识的桑皮纸制作工艺传承者进行访谈，了解他们对于传承和推广的看法、经验和建议，深入挖掘非遗技艺的内涵和意义。

（四）案例研究法

案例研究法是通过对其他地区或类似非遗技艺传承与品牌推广的案例进行深入分析，探索成功的经验和教训，为临朐县桑皮纸的传承和品牌推广提供借鉴和启示。通过对桑皮纸制作工艺的成功案例进行比较研究，分析其传承模式、市场推广策略等，为促进非遗品牌推广的研究提供参考和借鉴。

（五）实验研究法

实验研究法是通过在实验室或现场进行一定制定量或定性实验来验证研究假设和解决问题。在研究中，利用实验研究法来探究桑皮纸的材料特性、工艺参数对制品品质的影响，以及不同品牌推广策略对消费者认知和购买意愿的影响等。通过设计合适的实验方案，采集数据并进行统计分析，可以得出科学可靠的结论，并提供决策依据。

二、研究的目的

旨在深入探讨临朐县桑皮纸制作技艺的非遗传承与品牌推广问题，以促进该传统工艺的传承与发展，提高其在市场中的知名度和竞争力。具体研究目的包括：

（1）研究临朐县桑皮纸制作技艺的非遗传承现状，了解传承者的数量、技艺水平以及传承方式，分析传承中存在的问题和挑战。

（2）探索有效的非遗传承模式和策略，提出保护和传承临朐县桑皮纸制作技艺的具体措施，以确保其传统工艺技艺的延续与发展。

（3）研究临朐县桑皮纸在市场中的认知度和竞争力，分析其品牌推广的现状和存在的问题，为品牌推广提供科学的策略和方向。

（4）设计适合临朐县桑皮纸的品牌推广策略，包括品牌定位、标识设计、宣传推广等，提高其在市场中的知名度和美誉度。

（5）基于案例研究和实证分析，验证研究的有效性和可行性，为临朐县桑皮纸制作技艺的非遗传承与品牌推广提供实践参考和指导。

第三节 | 研究的问题及思路

一、研究的问题

在实现上节所述研究目的的基础上，本研究主要关注以下核心问题：

一是临朐县桑皮纸制作技艺的非遗传承现状如何？传承者的数量、技艺水平和传承方式有何特点？存在哪些问题和挑战？

二是如何建立有效的非遗传承模式和策略，保护和传承临朐县桑皮纸制作技艺？如何提高传承者的技能培训和传承意识？

三是临朐县桑皮纸在市场中的认知度和竞争力如何？品牌推广的现状和存在的问题是什么？

四是如何设计适合临朐县桑皮纸的品牌推广策略，包括品牌定位、标识设计、宣传推广等，以提高其在市场中的知名度和美誉度？

五是如何通过案例研究和实证分析验证研究的有效性和可行性，为临朐县桑皮纸制作技艺的非遗传承与品牌推广提供实践参考和指导？

以上问题将是研究的核心内容，通过对这些问题的深入探讨和研究，旨在解决临朐县桑皮纸制作技艺的非遗传承与品牌推广面临的难题，并提出可行的解决方案。

二、研究的思路

本书正文部分共分为八章。

第一章 引言。旨在为读者提供后续内容的整体背景和框架。首先探讨了研究的背景和意义，明确了研究的动机和目的。然后详细介绍了研究的方法与目的，提示了研究将采用的方法和期望达到的目标。最后，讨论了研究的问题和思路，为读者提供了对本书的预期和导向中。

第二章 中国手工造纸技艺的历史与现状。本章深入研究中国手工造纸技艺的历史和现状。首先，介绍了中国纸文化与造纸文化的重要性，强调了纸在中国传统文化中的地位。接着，探讨了传统手工造纸所使用的原料与成纸原理，揭示了制纸过程的科学和工艺。然后，详细回顾了手工造纸术的发展与传播，从古代到近代，强调了技术的演进和传承。最后，对手工纸的主要分类进行了阐述，突出了技艺的多样性和用途的广泛性。

第三章 桑皮纸制作技艺。本章聚焦桑皮纸制作技艺，深入挖掘其历史与传承。首先，探讨了桑树种植与桑皮开发利用，展示了桑树在造纸中的关键作用。接着，详细阐述了中国古代桑皮造纸的源流，揭示了这一技艺的起源和演化。然后，描述了桑皮纸的制作工艺及生产方法，包括主要工序和关键技术。最后，评估了桑皮纸制作技艺的发展现状，强调了其面临的挑战和传承保护的重要性。

第四章 临朐桑皮纸制作技艺与传承。本章着重阐述了临朐地区的桑皮纸制作技艺及其传承历程。首先，介绍了临朐地区的自然社会环境，包括适宜资源和丰富文化底蕴。接着，厘清了临朐桑皮纸的发展脉络，从起源、发展到鼎盛和衰落，勾勒出这一技艺的历史轨迹。然后，深入研究了"车帮"制度，指出了它的经济作用和社会影响。接下来，探讨了临朐桑皮纸制作工艺的独特性，突出了这一技艺在中国造纸中的独特地位。最后，介绍了临朐桑皮纸技艺传承的现状，包括代表性非遗传承人和传承保护成果以及对未来发展的展望。

第五章 临朐桑皮纸制作技艺传承困境及解决思路。本章探讨了临朐桑皮纸制作技艺传承面临的困境，详细分析了非遗传承人流失市场需求不足、传统技术局限及管理有待规范的具体表现和原因，并提出了解决思路。最后，讨论了管理有待规范的问题，明确了解决思路，并分析了非遗传承政策实施的挑战，提出了相应的解决方法。

第六章　临朐桑皮纸非遗传承与品牌推广的关系。这一章着重探讨了临朐桑皮纸技艺传承与品牌推广之间的关系。首先，明确了非遗传承的原则、路径和方法，为后续讨论提供了理论基础。接着，介绍了非遗品牌推广的概念，并阐述了非遗传承与品牌推广的相互促进关系。然后，详细讨论了非遗传承与品牌推广的结合方式，包括建立合作伙伴关系、整合品牌形象和非遗元素、创意营销和体验活动、教育与宣传，以及社会责任与可持续发展。

第七章　临朐桑皮纸非遗传承与品牌推广的实践。本章聚焦实际操作，介绍了临朐桑皮纸品牌推广的目标、市场定位与目标受众分析、品牌推广策略等方面。首先，明确了品牌推广的目标，包括提高知名度、建立品牌形象、提升认可度和扩大市场份额。接着，深入分析了市场定位和目标受众，为推广策略的制定提供了基础。然后，详细探讨了品牌推广策略，包括品牌文化与传承、产品差异化与创新、媒体宣传与社交媒体营销、参与展览与活动、合作和联名、教育与培训，以及用户体验与口碑营销。

第八章　临朐桑皮纸非遗传承与品牌推广的政策建议。本章提供了关于临朐桑皮纸非遗传承与品牌推广的政策建议。首先，探讨了非遗传承与品牌推广的管理机制，包括政府管理机构、非遗传承机构、品牌管理团队、合作伙伴关系、资金支持与项目管理，以及教育培训与人才引进。接着，介绍了政府政策与支持措施，包括法律保护与政策支持、资金投入与项目支持、市场准入与渠道拓展、教育培训与人才引进，以及国际交流与合作。最后讨论了社会参与和合作推动，包括社区参与、产业合作、教育合作、媒体合作，以及社交媒体合作，强调了多方合作的重要性。

这些章节将为读者提供深入了解临朐桑皮纸制作技艺、非遗传承与品牌推广的综合视角，帮助读者更好地理解和欣赏这一具有悠久历史和独特价值的文化遗产。

通过以上章节的组织和内容安排，本书全面介绍了临朐桑皮纸技艺的传承与品牌推广。通过历史综述、现状分析、困境成因、关系探讨、实践案例和政策建议，读者可以全面了解临朐桑皮纸的价值、传承现状和面临的挑战，同时也可以获得一些实践和政策上的启示和参考。本书旨在促进临朐桑皮纸技艺的传承与发展，推动其在文化遗产保护和品牌推广方面的持续发展。

第二章

中国手工造纸技艺的

历史与现状

第一节 | 中国纸文化与造纸文化

一、纸：中华传统文化的重要载体

记忆，是一种奇妙而神奇的存在。它承载着时间的痕迹，记录着人类的智慧与创造力。在人类历史长河中，能够将记忆保留并传承的重要载体，无疑就是纸。

纸的历史可以追溯到两千多年前的东汉时期，当时的中华大地上，书写的载体还是以竹简、兽皮为主。然而，这种方式不仅不便捷，而且昂贵稀缺，限制了知识的传播和记录。然而，一位智者的出现改变了这一切，他便是蔡伦。蔡伦，东汉末年的一位宦官，他聚焦于纸的研制与改良。历时多年，他不断尝试、实验，最终成功地创造出了世界上第一种纸张。蔡伦用树皮、麻纤维和渔网等材料，通过浸泡、捣烂、晾晒等复杂的工序，将纤维凝聚成了一张张坚韧而柔软的纸。这个伟大的发明不仅引起了当时社会的轰动，更为中华文明带来了深远的影响。

纸的出现让书写变得便捷高效，知识的传播不再受到限制。由于纸的制作工艺相对简单，成本较低，人们可以轻松获得纸张，进行文字记录和传播。这为中华文明的发展奠定了坚实的基础。从那时起，纸便成为中华文化的重要组成部分，承载着智慧和记忆的宝贵财富。

纸张的普及不仅推动了文化的传播，也催生了中华文明的辉煌。通过纸张，人们可以广泛记录和传承各类文化艺术，使文化得以蓬勃发展。从古代的经典著作、史书、诗词歌赋，到各类文学作品和学术论文，纸张见证了中华文明的璀璨辉煌。无论是孔子的《论语》、司马迁的《史记》、白居易的《长恨歌》，还是杜甫的诗词、苏轼的散文，这些伟大的文化瑰宝都借助纸张的力量传世至今。

纸张的出现也推动了中国书法艺术的繁荣。书法作为中华传统文化的重要组成部分，以纸张为基础载体，展现了中华民族独特的审美观和艺术风格。从秦汉的篆书、魏晋的隶书，到唐宋的楷书、行书，再到明清的草书、隶变，每一种书体都在纸张上流淌，显现出书法家的情感和个性。无论是钟绍京的行书《陋室铭》、王羲之的《兰亭集序》，还是颜真卿的《祭侄文稿》，这些书法巨作都在纸张上留下了永恒的印记。

除了书法艺术，纸张还在绘画艺术中发挥着重要的作用。中国画作为中华传统绘画的代表，以墨、彩、水为媒介，在纸张上展现了丰富多样的主题和风格。无论是山水画的远近有致、气韵生动，花鸟画的雅致清新，人物画的传神写实，都离不开纸张的支持。纸张的质感和吸墨性使画家可以尽情挥洒笔墨，将心灵与自然的交融之美展现得淋漓尽致。从唐代的王维、五代的郭熙，到明代的仇英、近现代的齐白石，他们的画作无一不在纸张上流淌着艺术家的智慧和情感。

纸张的影响不仅局限于艺术领域，它还在科学、教育、宗教等方面发挥着重要作用。纸张为科学家提供了记录实验、传播研究成果的重要工具。历史上，张衡的《浑天仪图注》、顾谦的《测量地球周长法》等重要科学著作都依赖于纸张的存在。同时，在教育领域，纸张也承载着中华传统教育的智慧。古代的经史子集，学生通过阅读纸质书籍获取知识，培养才干。此外，纸张还在宗教仪式中担任重要角色，作为中华传统文化的明珠，纸张在宗教领域扮演着重要的角色。佛教、道教等宗教信仰中，经书、经文都以纸张为载体，成为信众学习、默诵和传承教义的重要工具。例如，佛教经典《般若波罗蜜多心经》、道教经典《道德经》等，都通过纸张的存在传播至今，深深影响着人们的信仰与精神世界。

纸也是中华传统文化中艺术创作的重要媒介。传统的纸质手工艺品，如剪纸、折纸、泥塑等，无不展现了中华民族的独特审美和智慧。纸张的柔软和韧性，使艺术家可以通过剪、折、粘等方式，创造出精美绝伦的作品。每一张纸张都是他们心血的结晶，承载着艺术家的心意和创意。

即使在现代科技的冲击下，纸张的独特魅力依然难以取代。纸张的触感、气味和质感给人带来与电子媒体不同的感受。翻阅纸质书籍时，手指轻触纸页间的感觉，仿佛与文字、历史和智慧进行了一次无声的碰撞。在书法、绘画领域，纸张的纹理和吸墨性能够赋予作品独特的艺术韵味。在传统文化的保护和传承中，纸张的存在让人们更加接近历史的痕迹，感受到传统文化的真实与厚重。

二、纸文化：文明传承的见证者

纸文化是指与纸张相关的各种传统、历史和艺术形式，涵盖了纸的制作、使用和表达。作为一种重要的文化符号和媒介，纸在人类社会中扮演着重要的角色，不仅是作为书写和记录工具，还承载着人类的思想、情感和文化传承。

纸文化对中国的文化传承和社会发展产生了深远的影响。首先，纸张作为重要的文化载体和媒介，记录了大量的文化信息和知识，为后世留下了宝贵的文化遗产。中国的古籍文献、历史记录和文化著作都保存在纸张上，成为人们了解和研究中国传统文化的重要资源。其次，纸文化的发展促进了中国的艺术繁荣和文化传统的延续。纸张的使用和纸制品的艺术表现形式丰富多样，为中国的书法、绘画、印刷等艺术形式提供了广阔的创作空间。此外，纸文化还在经济和社会发展中起到了重要的推动作用。纸张的制作和应用产业链为中国的就业和经济发展提供了巨大的支持，同时也促进了相关技术和产业的发展。

在当代，随着科技的发展和数字化时代的到来，纸文化面临着新的挑战和机遇。尽管电子媒介在信息传递和存储方面具有更高的效率和便利性，但纸张作为一种独特的文化载体和艺术表达方式，仍然保留着重要的地位和价值。保护和传承中国纸文化，不仅有助于维护人类文化多样性，还有助于人们对传统工艺和文化传统的认识和理解。同时，纸文化的创新和融合也能够为当代艺术和文化创作提供新的灵感和表达方式。

三、造纸术：中华传统文化皇冠上的明珠

在古老的中华大地上，中华文化以其灿烂辉煌而闻名于世。在这广袤的文明宝库中，存在着一项引人瞩目的技艺——造纸术。它是中华传统文化的一颗璀璨明珠，散发着千年的光芒，成为中华文明的重要组成部分。造纸术的发明堪称人类历史上一次伟大的创举，它彻底改变了人们的书写方式，并推动了文化的传承和发展。造纸术的问世使文字的传播变得更加便捷高效。在此之前，人们使用竹简、兽皮等材料来书写，制作困难且昂贵，只有富人和官员才能使用。然而，蔡伦的造纸术的出现使纸张得以普及，使每个人都能够通过纸张记录生活和传承智慧。从那时起，文字得到了广泛传播，智慧之火被点燃，中华文明开始以宏伟的姿态绽放辉煌。

造纸术的发明和传播，让中华文化的光辉照耀世界各地。随着丝绸之路的开通，造纸术也传入了中亚、西亚、欧洲等地，引起了轰动。西方国家将纸张的出现视为一项革命性的技术进步。过去，他们使用的是羊皮、牛皮等动物皮革进行书写，这些材料昂贵且稀缺。而纸张的出现，不仅便宜，而且制作简便，为西方文明的发展提供了巨大的助力。

造纸术的传播不仅带来了书写方式的变革，也催生了印刷术的诞生。印刷术的发明使书籍的复制速度大幅提升，进一步推动了文化的传播和发展。印刷术让书籍制作更加高效，大幅提升了文化传承的速度和范围。经典著作得以广泛传播，知识得以普及，文化的火炬在印刷术的推动下熊熊燃烧。

造纸术的传承千年，让纸张成为中华传统文化的重要象征。纸张不仅承载着人们的文字和图画，更蕴含着丰富的情感和智慧。古代文人墨客以纸为伴，倾情书写，留下了无数千古佳作。他们将心灵的波澜、思想的深邃、艺术的灵动都倾注在纸张上，使纸张成为他们思绪的延伸，艺术的载体。从经典诗词、传世名篇，到各类书法、绘画作品，纸张见证了中华文化的辉煌，记录了千百年来的人类智慧。

四、造纸文化：魅力独特，源远流长

手工造纸文化是指通过人工方式制作纸张的一种传统文化形式。它代表了人类对纸张制作技艺的探索和创造，体现了对纸张的尊重和对传统工艺的传承。手工造纸文化在世界各地都有着悠久的历史和独特的表现形式。

手工造纸文化的起源可以追溯到古代。古代人类在寻找适合书写和记录的材料时，逐渐掌握了纸张的制作技艺。手工造纸技术的发展受到不同地域、民族和文化的影响，各具特色。不同地区使用的原料、制作工艺和纸张的特性都有所不同，呈现出丰富多样的手工造纸文化。中国手工造纸文化经过漫长的发展和传承，形成了丰富多样的手工造纸技艺和工艺品种，如麻纸、宣纸、竹纸等，每一种纸张都具有独特的特点和应用领域。

手工造纸文化的核心是手工造纸技艺。手工造纸技艺包括纸张原料的选择、纤维的提取、纤维的粉碎和混合、纸浆的制备、纸浆的过滤、纸张的成型和加工等多个环节。每个环节都需要工匠细致的操作和丰富的经验，才能制作出质量上乘的纸张。手工造纸技艺往往代代相传，通过师徒制和口传心授的方式，让技艺得以传承。

然而，中国手工造纸文化也面临一些问题和挑战。首先，随着科技的进步和工业化的发展，机械化的纸张制造方式逐渐取代了手工造纸技艺，手工造纸的传统工艺面临失传的危险。其次，由于手工造纸生产过程烦琐、成本较高，手工造纸产品在市场竞争中面临一定的压力。此外，一些手工造纸技艺和工艺品种的传承面临着后继乏人的困境，新一代人对手工造纸文化的认同和传承意识亟待加强。

因此，加强对中国手工造纸文化的研究和保护具有重要的意义，需要政府、学术界和社会各界的共同努力。通过制定相关政策和法规，加强手工造纸技艺的传承和培养；开展科学研究，探索手工造纸的创新和应用；加强宣传和教育，提高公众对手工造纸文化的认识和关注度，才能有效保护和传承中国手工造纸文化的独特魅力。

第二节｜传统手工造纸原料与成纸原理

一、传统手工造纸的原料

东汉许慎（约58—约147）所著《说文解字》记载："纸，絮一苫也"。"絮"指的是从漂絮、破布和渔网所提取的纤维。在造纸术发明之初，造纸原料主要是破布和树皮，破布主要是麻纤维。其后，造纸匠人就地取材，以竹子等物作为原料造纸。一直到当代，竹、芦苇、树皮等原料依然在造纸中大量使用。

传统造纸使用的原料主要包括植物纤维、水和一些辅助材料。中国是植物纤维原料最丰富的国家之一，在960万平方公里的广阔领土内，各地区可供造纸的资源很多。孙宝明、李钟凯的《中国造纸植物原料志》一书，收录草本类87种、皮料类74种、竹类49种、麻类32种、废类10种，共得252种。此外还有胶料类38种，都适用于手工造纸。这当然是不完全的记录，实际上可资利用的原料绝不限于此。在手工造纸中，麻类（主要取于破布），木本韧皮（楮皮、桑皮、藤皮、结香皮、青槽皮等)，竹类，稻麦草以及其他种类繁多的野生植物，是取之不尽的造纸植物原料来源。在植物学中，所谓纤维指韧皮纤维及被子植物中两端作纺锤状的细长细胞而言。但在造纸学中，则将凡属于细长细胞，构成纸浆主要成分者，统称为纤维。

造纸原料可大体分为两大类。第一大类为韧皮纤维，存在于植物的韧皮部，再可细分为草本与木本两种。草本如各种麻类，多为一年生植物；木本多为多年生植物，如桑、藤、结香、青檀等。第二大类是茎秆纤维，如稻、麦、竹子等。

不同原料的纤维长宽度不同，所造出的纸质量也各异。一般说，造纸用长纤维比短纤维好，细长纤维比短粗纤维好。这就是说，每种纤维中单个纤维平均长度越大越好，纤维的平均长宽比越大越好。所谓"平均"，是相对而言，通常从样品中抽出 100 根单个纤维，分别测其长宽度，再从中取平均值，不可能也无必要对无数纤维逐一测量。细长纤维之所以是上好原料，因为在打浆(舂捣)过程中纤维要被断开，但长纤维裂断后仍有足够长度，而且两端分丝帚化，成纸时组织紧密，纸的拉力强度大。同时，细长纤维的比表面大，相互之间交缠效果好。纤维被打断后的长度更小，两端虽也能帚化，但因其偏短，使纸的拉力强度相对小些，因此造纸纤维以细而长者为最佳，见表 2-1。

表 2-1　手工造纸原料纤维长度、平均长宽比测定数据

种类	大麻	苎麻	楮皮	桑皮	黄瑞香皮	青檀皮	毛竹	稻草	麦秆
平均长度 (毫米)	15.0~ 25.5	120.0~ 180.3	6.0~9.0	14.0~ 20.0	3.1~4.5	9.0~ 14.0	1.52~ 2.09	1.14~ 1.52	1.30~ 1.71
平均长宽 比(倍)	1000	3000	290	463	222	276	123	114	102

注　此表参考潘吉星著《中国造纸史》，2009年11月，第13页，上海人民出版社。

从表 2-1 中可以看出，麻类纤维长度最佳，中国造纸术最先选中的原料也是麻类纤维。其次是皮料，其中以桑皮为最佳。再次是竹料，最次是草类。因此古代造高级文化纸多用麻类或者皮料纤维，草类则用于造包装纸、卫生纸及葬仪用"火纸"。竹类纤维相对来讲属于短纤维，但中国竹材资源丰富，竹纸成本低，这是其一大优点。古人为改善竹纸性能，常有意在竹浆中添加一些麻类或皮料等细长纤维，目的在降低生产成本的前提下，尽可能增大纸的拉力和紧密度。还常将麻纤维掺入皮料纸浆中，也出于同样的技术经济上的考虑。

二、手工造纸的成纸原理

首先将植物纤维原料收集并进行初步处理。这包括清洗、剪碎和浸泡等步骤，以去除杂质并使纤维更易于分散和溶解。

再将经过处理的植物纤维与适量的水混合，形成纸浆。纸浆的浓度和纤维长度会根据最终产品的需求而有所不同。

然后将纸浆倒入纸机的料槽中。纸机是制造纸张的主要设备，包括多个部分，如料槽、网篮和压榨辊等。纸浆经过滤和脱水，纤维在网篮上形成纸张的纤维网。

在纤维网形成后，会经过一系列处理步骤。首先是压榨，通过压榨辊的作用，将纤维网中的水分挤出，使纤维之间更加紧密。其次是干燥，纤维网被送入干燥设备中，通过热风或太阳光的作用，使纤维中的水分蒸发，纸张逐渐变干。最后，经过剪裁、卷取等工艺，将干燥的纸张制成所需的形状和规格，形成最终的成品纸张。

传统造纸的原理是利用植物纤维的纤维结构和纤维间的物理力学性质。纤维在水的作用下分散并形成纤维网，通过压榨和干燥等过程，使纤维间相互交织、水分蒸发，从而形成牢固的纸张结构。

这种传统的造纸原理在很长一段时间内一直被沿用，尽管现代造纸技术已经发明出更加高效和精确的方法，但传统造纸原料与成纸原理依然具有一定的历史和文化价值，并且在一些特殊领域仍然有应用。

明代宋应星在《天工开物》第十三卷《杀青》一书中，对竹纸和皮纸的描述具有总结性的特点。此书还附带了造纸操作图，如图 2-1 所示，可以说是那个时代关于制作纸张方面最详尽的记录。把《天工开物》造纸的记载予以分解，其中又可分五个步骤：

第一道工序——斩竹漂塘

所谓"杀青"是指对竹子进行斩除顶部以充当原料的工艺，因为竹材是古代造纸的一个重要原料之一。华南地区，特别是福建地区，因产量丰富而成为竹纸的主要产地。而在制造纸张时选择生长新鲜的竹子枝叶作为原料最佳。在制作纸张时，工匠通常会在芒种前后前往山上砍伐竹子，每根竹子约截成 5~7 尺（166.7~233.3 厘米）的长度，随后会开挖水池，并将截断的竹子浸泡在水池中约

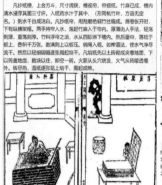

图2-1 《天工开物》中关于造纸的记载

100天，取出时会用力捶洗竹子，以将竹木的青壳和树皮去掉，这样做的目的是使竹材变得柔软。而在19世纪，由于纸张的材料来源从破布转变为木材，原因是木材易于获取且成本较低。然而，由于木材纤维是由木质素构成的，木质素会发生氧化反应，这也是纸张泛黄的原因，而由于酸剂添加会使这个问题变得更加严重。

第二道工序——煮楻足火

通过在木楻桶中添加石灰水，将竹料进行蒸煮处理，大约要经过八个昼夜蒸煮。利用碱液的蒸煮作用，木质素、树胶、树脂等原料中的杂质被消除。接着取出蒸煮后的原料放入清水塘中进行漂洗，再次浸泡在锅中的石灰水中进行蒸煮。这样的过程循环反复进行了十多天。经过多次蒸煮和漂洗处理，竹子的纤维逐渐分解。目前，生产纸浆已经开始使用烧碱替代石灰水。烧碱具有较强碱性，可以快速地分解木材纤维。此外，还添加了氯化物去除木浆中的杂质，其目的是用于漂白作用，但排放的废水中含有有机氯，对生态环境造成了很大的伤害。目前，造纸业已经投入大量资金来清除毒素，并研究新的漂白方法，例如使用二氧化氯代替氯化物，以减少有机氯的产生。

第三道工序——荡料入帘

据研究结果表明，古法造纸过程中的第三个步骤要进行以下操作：将煮烂的纸料倒入石臼中，并用力舂碾至成泥面状。此后，需要在适量的水中对这种糊状纸料进行调配，以便达到纤维与水分的充分分离和浸透，即纸纤维悬浮液的形成。接下来，将此悬浮液倾入纸槽中。然后，在纸浆中使用细竹帘作为过滤器，使纸纤维停留在竹帘上，形成一层薄膜，即泾纸膜。值得注意的是，这道工序在造纸过程中是最吃力的，需要纸浆工匠站在纸槽旁做着舀水、抬起竹帘等动作，而每次承受的重量可达 20 公斤。此外，这个步骤的成功还需要靠工匠自身的经验，他们抄摘起来的纸要既不能过薄也不能过厚，完全依靠工匠技术的熟练程度来完成。

第四道工序——覆帘压纸

把捞过纸浆的竹帘倒铺在压榨板上，然后小心地移开竹帘，这层泾纸膜便落在板上。缓慢而谨慎地堆叠起一沓沓的纸张，再经过重物的压挤，将纸浆中的水分排出。在重物的挤压作用下，纸纤维薄膜也逐渐地成形，变幻为一张张方正的纸张。在手工造纸的工艺过程中，每位工匠平均只能制作三百到五百张纸。相较之下，如今现代造纸厂中的一套机械设备每天生产的纸卷量以吨计算。根据统计数据显示，全球造纸厂每年总计生产 30 多亿吨的纸张，这相当于全球汽车产量总重的三倍。

第五道工序——透火焙干

焙干纸张的舱间是由两道土砖筑成的墙壁，土砖之间具备间隙，以利于热气的渗透。为焙烤纸张，首先在舱间生火，随后使用轻巧的铜镊将湿纸张逐一平摊在墙面上。热气通过间隙不断散发，逐渐使纸张干燥，达到完全干透的程度。完成后，便可将其抽离出来，用于实际需求。

机械造纸技术使人充分享受到便利，但是大量的废纸让人伤透脑筋。1995年美国做过一项统计，发现美国人一年的平均用纸量是 332 公斤。原来以为计算机世纪来临后用纸会减少，结果令环保人士出乎意料，用纸不减反增。除了废纸回收之外，科学家还在研究旧纸的各种新用途，如生产以废纸为主要原料的建筑材料等，希望能减少人类伐木的数量。

宋应星的《天工开物》中记载最为详尽，是我国传统造纸术发展到最高峰的总结性叙述。

第三节 | 手工造纸术的发展与传播

中国传统手工造纸的发展历史可以追溯到两千多年前的东汉时期。手工造纸是一项精细的工艺，通过对植物纤维进行处理和加工，制作出纸张，成为文字记录、文化传承和艺术创作的重要媒介。在漫长的发展历程中，中国传统手工造纸技艺经历了许多重要的阶段和变革。下面介绍中国传统手工造纸发展的历史，并探讨其在中国文化传承中的重要地位。

一、手工造纸的起源与初期发展（东汉至唐代）

据史料记载，中国是造纸术的发源地。早在公元前 2 世纪，汉朝宫廷已有使用渔网纸的记载。而最早的纸张发现于我国西汉时期，约公元前 200 年。当时，纸张是由植物纤维制成的，主要原料是桑树的树皮和麻、竹、棉等植物纤维。最初的制作方法是将植物纤维捣碎后，加水调浆，然后将调好的纸浆铺在细木条上晾晒而成。这种制作方法在中国传承了几千年，被誉为中国古代四大发明。

蔡伦（图 2-2），字敬仲，东汉桂阳（今湖南省果阳市）人，曾经担任过中常侍、尚方令等官职，封龙亭侯。蔡伦总结以往人们的造纸经验，革新造纸工艺，制成了"蔡侯纸"，并于元兴元年（105 年）奏报朝廷，汉和帝下令推广他的造纸法。

这位造纸业的鼻祖，在正史中的记载并不多，《后汉书·蔡伦传》中仅用 281 个字来描述他，"蔡伦，字敬仲，桂阳人也。永兴九年，监作秘剑及诸器械，莫不精工坚密，为后世法。自古书契多编以竹简，其用缣帛者谓之为纸。缣贵而简重，并不便于人。伦乃造意用树肤、麻头及敝布、鱼网以为纸。元兴元年，奏上之。帝善其能，自是莫不从用焉，故天下咸称蔡侯纸"。

蔡伦将造纸方法写成奏折，向汉和帝

图2-2　蔡伦画像

呈上。汉和帝对这一创新表示了赞赏，并作出了命令，要求全国范围内的朝廷和其他机构普遍采用和推广这种方法。无论是在朝廷的各个官署还是在全国各地，这项新的造纸技术都被视为一个奇迹。蔡伦在推行这一方法九年后，被授予"龙亭侯"的爵位，并赏赐食邑三百户。因为这项新的造纸方法是蔡伦发明的，并且在全国范围内逐步推行，人们便开始称呼这种纸为"蔡侯纸"。

从考古发掘看，蔡伦以前的西汉时期，在多地出土了麻纸碎片，由此可以断定，蔡伦以前的西汉时期，我国已经出现了造纸术。在蔡伦的时代，纸张还是一种稀有物品，价格昂贵，只有富人和官员才用得起。当时的纸张通常由树皮、藤、麻和丝绸等材料制成，品质不高，易腐烂，使用寿命短。据《后汉书·蔡伦传》记载，当时蔡伦制造的侯纸基本是采用树皮、麻头、破布、渔网等作为造纸原料，进行加工而成。

为了找到更好的纸张制作方法，蔡伦进行了长期的实验。他尝试使用不同的材料和工艺，最终在公元 105 年成功地发明出一种新的纸张制作方法。这种方法使用植物纤维和水混合，制成纸浆，然后将纸浆倒在细竹片或细麻布上，晾干后即可得到一张光滑、坚韧、无毛刺的纸张。这种纸张质量好、价格低廉，易于制作和储存，很快在中国各地广泛使用。

经过蔡伦的改良，造纸术在汉和帝时期形成一套较为规范的工艺流程，概括来说大体分为四个步骤：第一步是原料的分离，即脱胶使原料分散成纤维状，通常通过沤浸或蒸煮的方法，为了加快这一进程，可以将原料浸泡在碱液中；第二步是打浆，即使纤维帚化，可用切割和捶捣的方法切断纤维，使之成为纸浆；第三是抄造，即把纸浆渗水制成浆液，然后用捞纸器（篾席）捞浆，使纸浆在捞纸器上交织成薄片状的湿纸；最后一步是压制烘干，将湿纸浆压制成连续的纸张薄片，并通过自然晾晒或烘干的方法使其完全干燥。蔡伦通过改进工艺，特别是引入"捣浆"这个重要步骤，以及利用自身独特身份的优势，促进了纸张的生产和使用以及在社会上的快速普及。捣浆是制造纸张的关键步骤，它通过使纸浆在捞纸器上相互交织，形成薄片状的湿纸。接下来是干燥，湿纸被晾干或晒干后，便成为成纸。蔡伦的纸张制作方法对中国的书写和出版产业产生了革命性的影响。以前，书籍都是手工抄写在竹简、木简或者丝绸等材料上，这种书写方式费时费力，且书写材料贵重，只有少数人才能享受到阅读和写作的乐趣。有了蔡伦的发明，纸张的制作成本大幅降低，书写、复制和传播文字变得更加容易，普及率也得到了极大的提高。蔡伦在麦克·哈特的《影响人类历史进程的100名人排行榜》中排名第七。蔡伦也被列入美国《时代》周刊公布的"史上最杰出的发明家"名单中。2008年，蔡伦改进的造纸术在北京奥运会开幕式上展示，他为中国文化的发展和传承做出了重要的贡献。

蔡伦的发明很快传播到了东亚地区，日本和韩国等国家也开始使用这种纸张制作方法。随着海上丝绸之路和陆上丝绸之路的发展，造纸术逐渐传播到了中东、南亚和欧洲等地区。这种新型的纸张制作方法改变了人类的书写和阅读方式，也推动了文化和知识的传播。许多书籍和文献得以保存和传承，人类的文化和科技水平得以不断提高。

蔡伦的造纸术对于中国的经济和文化发展也产生了重要的影响。随着纸张制作工艺的逐渐成熟，中国的造纸业逐渐发展成为一个重要的产业，带动了相关行业和市场的发展。同时，纸张的普及和使用也极大地促进了文化和知识的传播，推动了文化产业的繁荣和发展。

从唐代开始，手工造纸技艺得到了进一步的发展。手工造纸业迅速发展，纸张的质量和产量都得到了大幅提升。唐代的纸张技艺已经相当成熟，采用了多种纤维原料，如桑叶、麻类和竹子，使纸张的品种更加丰富，满足了不同用途的需求。唐代的纸张产业逐渐形成，纸坊遍布各地，纸张成为重要的商品和经济支柱。

二、宋元时期的技术革新与全面成熟

宋元时期的印刷业极为发达，对于纸张的需求大为增加，因而促进了造纸业的发展。宋元时期被认为是中国传统手工造纸技术的全面成熟阶段，因为在这个时期，造纸技术经历了革新与全面成熟的过程。中国古代制作纸张的技术在各个方面得到了显著提升，特别是竹纸的兴起，其工艺也逐渐趋于完善。此外，还创造出了多种创新的造纸工艺，同时还诞生了一些被当时和后世高度赞誉的优质纸张，纸的应用范围也更为广泛。而在宋代，造纸技术得到了巨大的发展和创新。首先，纸的制作材料发生了转变。在宋代之前，纸张的主要原料是麻、桑等不同的植物纤维。

竹纸的兴起及其制造技术的成熟，是宋代在造纸方面的重大成就。竹材质地坚密，结构复杂，要将其中的茎秆纤维分离出来作为纸料，其难度是相当大的，因此用竹造纸也比较晚。南宋时期竹纸的产量很大，以致超过了其他纸种，成为图书典籍、官府文牍和私家信笺等的主要用纸。

关于竹纸的生产工艺，在宋代文献中只有少量的记录。比如南宋陈槱提到："又吴人取越竹，以梅天水淋，晾令干，反复捶之，使浮茸去尽，筋骨莹澈，是为春膏，其色如蜡。"这段话涉及竹料的选择、浸渍、加工、捶洗等工序，然而它的描述较为简单，并没有完整记录竹纸完整的制造过程。直到明代宋应星的《天工开物》的"杀青"篇才有关于竹纸制造技术的详细记录。在这个时期，除了竹子外，也使用了树皮、麻、藤、麦秆、稻草等新的纸张原料。以楮、桑等制成的皮纸在产量上仅次于竹纸，名列第二，而藤纸因资源有限逐渐被淘汰。此外，还有竹和树皮、竹和麻等混合纸以及利用废纸经过处理并混合新纸浆制成的"还魂纸"等其他类型的纸张。

另外，宋代的造纸工具和技术也得到了改进，如元费著《蜀笺谱》提到四川锦江旁以纸为业者说："江旁凿白为碓，上下相接。凡造纸之物，必杵之使烂，涤之使洁，然后随其广、狭、长、短之制以造。"用水碓春捣纸料可节省人力，提高工效，保证质量，是造纸技术的一项重要革新。

在宋代，巨幅"匹纸"的出现，也表明了当时造纸技术的进步。如现藏于辽宁省博物馆的宋徽宗赵佶草书《千字文》长卷，长达三丈有余，中无接缝，纸面朱地描以泥金云龙纹图案，其制造和加工技巧确实令人赞叹不已。抄造这样大的纸张，需要有相应的巨型纸帘、抄纸槽和烘干设备，还要数十人统一指挥，协同动作，其难度是相当大的，其场面也颇为壮观。这充分反映出当时造纸工匠的智慧和创造精神。

三、明清时期的集大成与衰落

明清时期出现了关于造纸技术的系统而明确的记载，这一时期被认为是中国造纸技术集大成阶段。同时还出现专门论述造纸技术的插图本专著，为前代所未见。随着中外交流的紧密，中国精工细作的纸、纸制品及加工技术继续传至国外。明清时的造纸槽坊大多分布在南方江西、福建、浙江、安徽等省，广东和四川次之；北方以陕西、山西、河北等省为主。原料有竹、麻、皮料和稻草等，其中竹纸产量占首位，南方各省盛产竹材，因此近山区也多造竹纸。皮纸多用作书画或印刷书籍，麻纸产量比例逐渐缩小。这一时期纸品众多，名产有江西西山的连七纸、观音纸，铅山的奏本纸，浙江常山、安徽庐州、英山的榜纸，江西临川的小笺纸，浙江上虞的大笺纸等。

清末，中国又从西方引入机器造纸技术，从而在造纸技术史上揭开了新的一页。明清时期中国传统造纸技术达到历史上的最高峰，但也随着清朝封建统治的衰落而进入低谷。

四、手工造纸技术的传播

手工造纸技术的传播是人类文明发展史上的一个重要章节。从其起源地中国，逐渐传播到与中国毗邻的朝鲜和越南，再经由日本传入东亚各国，以及通过阿拉伯人的介入传入西亚、北非和欧洲等地。这一发明的传播不仅促进了经济繁荣，还推动了文化、科技和学术的发展。

（一）造纸术传播的初期阶段

1. 传入朝鲜和越南

造纸术最初传入与中国毗邻的朝鲜和越南。随着蔡伦改进造纸术，纸张迅速在这两个国家普及。在公元 4 世纪末，百济在中国人的帮助下学会了造纸技术，紧随其后的高丽、新罗也掌握了这一技术。随着时间的推移，高丽的造纸技术不断提高，甚至开始向中国输出皮纸。越南人在西晋时期也掌握了造纸技术。

2. 传入日本

公元 610 年，韩国和尚昙徵利用船只经海渡到了日本，将纸张制作技术呈献给了圣德太子，并得到了他的支持和持续推广。随后，全国范围内开始广泛普及使用纸张，因此，日本人民便将其征封为"纸神"。

（二）造纸术传播的中期阶段

1. 阿拉伯世界的传播

在公元 751 年，唐朝安西节度使高仙芝带领队伍与阿拉伯军队交战时，唐军遭到了惨败，被俘虏的士兵当中有一些从事造纸工作的人员。早期阿拉伯的造纸工厂早期是在中国人的帮助下建起，并且借鉴了中国人的造纸技术。到了10世纪，造纸术的传播已经扩散到了叙利亚的大马士革、埃及的开罗和摩洛哥等地。

2. 欧洲的传播

西班牙为欧洲较早接触到纸造术的国家，这要靠阿拉伯人对其统治所带来的影响。在西班牙人移居墨西哥的过程中，于1575年建立了墨西哥的首家纸造厂，从而标志着纸造术在美洲大陆开始传播。1690年，美国的第一家纸造厂在费城附近建立起来，此举进一步推动了纸造术在北美洲的传播与发展。

然而，西方国家在造纸术传播过程中遇到了一些困难。虽然他们接触到了造纸术的核心技术，但其造纸能力仍然十分有限，关键步骤仍不甚明晰。直到明末清初时期，随着传教士来访，其中一些传教士将造纸术的详细流程以图文形式记录下来，并将其传播到欧洲，为当地的造纸术完善提供了重要参考。这一行为不仅促进了西方国家造纸术的发展，也对其传播产生了深远影响。

当西方国家掌握了完整的造纸术技术后，他们意识到手工造纸难以提高生产效率，因此开始尝试使用机器来进行造纸。在1797年，法国人罗伯特发明了机器造纸技术，为西方国家的造纸业带来了革命性的进展。此时，西方的造纸术迅猛发展，甚至超越了造纸术的发源地。

第四节 | 手工纸的主要分类

我国古代的手工纸有很多品种，就像一幅多彩斑斓的画卷，表现出美不胜收的景象。这些纸张的分类方式千奇百怪，可以根据原材料、地区、生产工艺、用途和制作过程的不同等进行划分，每一种划分方式都有其独特的理念和基础。然而，如果我们想要深入研究纸张的基本特征，就必须从其原材料入手，因为每一种纸张的多样功能和特性都来自原材料。只有真正理解了原材料，人们才能自然而然地解决使用纸张时遇到的各种问题。在传统手工纸的制作过程中，原材料起着至关重要的作用。我国古代智慧的结晶，包括了丝、桑、竹、藤、稻、草等多种纤维素来源，为纸张注入了独特的风格。

一、按主要原料分类

古人所论及手工纸业时提到："纸之制造，首在于料"。手工造纸所使用的原材料主要可以划分为韧皮纤维和茎秆纤维两个主要类别。韧皮纤维可以在多种草本植物和木本植物的韧皮部中找到，可以从不同种类的麻植物中获取多样的纤维素。如一年生的各类麻植物，以及构树、桑树、藤蔓、三桠、青檀和荛花等多年生草本植物。以韧皮纤维为主要原料制作的纸被称为皮纸，根据具体原料又可细分为麻纸、构皮纸、桑皮纸、藤纸、三桠皮纸、檀皮纸和雁皮纸。此外，还有以西藏地区使用狼毒草根部韧皮制成的狼毒纸等。

茎秆纤维多取自单子叶植物，由于其维管束由纤维和导管组成的束状组织、玉米芯等农作物的残杂物。茎秆是植物生长过程中的重要组成部分，其含有丰富的纤维素和木质素等成分。茎秆纤维具有较高的强度和韧性，可以用于制造纸张、纺织品、建筑材料、生物质能源等多个领域。目前，茎秆综合利用已成为推动农林废弃物循环利用、促进农业可持续发展的重要途径之一。秆纤维的主要来源包括稻草、龙须草、麦秆（一年生）以及各种竹类（多年生）。显然，以竹子为主要原料制作的纸被称为竹纸，以稻草或龙须草为主要原料的纸则相应被称为稻草纸或龙须草纸。

就中国传统手工纸的材料而言，往往包括了以下这几种元素，即："麻构竹藤桑，青檀稻瑞香"。此外，传统的手工纸可基本上分为以下五个主要类型：麻纸、皮纸、竹纸、藤纸、宣纸。

1. 麻纸

麻纸是一种历史悠久的纸张类型，其原材料主要来源于麻类植物。麻类植物种类繁多，包括苎麻、黄麻、大麻等，其获取相对较为容易。近年来考古发现的西汉古纸大多以麻类植物为主要原料。东汉时期，麻纸应用于纸张制造借鉴了古代织布及缝合技术，两者在工艺处理上存在多个共通之处。至于隋唐五代时期的图书和碑帖装裱多选用了麻纸作为材料，但麻纸在宋元时期却不再占主导地位，明清时期更是使用稀缺。至今，山西的沁源和定襄蒋村仍传承手工麻纸的生产。

就特点而言，麻纸的纤维很长，纸浆比较粗糙，所以表面会有小的凹凸不平。纸质坚韧耐久，即使经过了千年的岁月，也不容易变脆化或褪色。麻类纤维的细胞壁上有着不同程度的"纹路"，有的明显，有的模糊，而且粗细不一致。这种结构对纸张成型后的水墨效果具有一定积极影响。2019年，西和麻纸制作工艺入选第五批国家级非物质文化遗产代表性项目名录，如图2-3所示。

2. 皮纸

皮纸是手工纸的一个广泛的类

图2-3 国家级非物质文化遗产——甘肃西和麻纸
来源：微游甘肃

别，在其中包括构树皮、桑树皮、青檀皮以及瑞香科类皮等多种不同种类的皮纸材料。纯正的皮纸材料具有柔软的质感以及半透明的特点，适合书写小字体的文字，如小楷、篆书、隶书、楷书以及行书等不同书体的文字。在我国，构树皮纸的生产遍布于北京、河南、陕西、甘肃、浙江、云南、广西以及台湾等地。而桑树皮纸目前在河北迁安、山西柳林、山东临朐和曲阜、安徽岳西以及新疆墨玉仍然有生产。而雁皮纸和三桠皮纸的纸坊则可在滇西北地区找到。安徽泾县以其著名的宣纸而闻名于世，这种宣纸的主要原料是青植皮和稻草。西藏的尼木以及四川的德阁也生产着较为罕见的狼毒纸，它们又被称为藏纸。

按照材料和制作方法的不同，手工制造的皮纸可以分为多种类型，每种皮纸都具有独特的特性和应用领域。

构皮纸：一种利用构树的韧皮为原材料制成的纸张。该纸张质地柔韧，表面光滑细腻，并具备较高的质地和透明性。构皮纸常应用于书法、绘画、印刷等艺术创作领域，此外，它还可以被用来制作高级文具，如文房四宝。

桑皮纸：是采用桑树韧皮而制造的纸张。桑皮纸特点在于光泽明亮、质地细腻，在绘画、书法、装裱等领域具有广泛的应用。此外，桑皮纸还被普遍运用于重要文物，如古籍和字画的制作。

三桠皮纸：以三桠树的坚韧树皮为主要原料制成的纸张三桠皮纸具有纹理自然，质地坚韧的特点，可以广泛应用于书法、绘画和剪纸等艺术创作领域。

檀皮纸：使用檀树内部坚韧的皮制作而成的纸张。檀皮纸的质地坚韧，色泽深沉，并蕴含浓郁的檀木香气。它通常被运用于书法、绘画和装裱等艺术领域，同时也被用作保护重要文件的材料。

这些自制皮纸具有独具一格的纹理、色调和质地，使用起来手感舒适且寿命较长。它们广泛应用于艺术研究、文玩、装帧、手工艺品制作等领域。自制皮纸的加工过程非常注重遵循传统手工技艺的操作，每张纸都经过巧妙的加工处理，因此蕴含着特殊的制作精细度和文化内涵的价值。

手工制作皮纸的过程通常运用传统工艺手法，包括纤维提炼、糊浆制备、纸张成型以及晾干等工序。手工皮纸制作所需的工艺过程要求操作非常仔细，并需要丰富的经验，以保证纸张质地均一细腻，而且色彩鲜艳。手工皮纸的特别之处在于其独有的纹理和质感。各种手工皮纸都拥有自己特定的纤维构造和纹理，赋予每张纸独特的外观特征。手工皮纸一般具有柔软的触感，令人感到舒服，同时有良好的透气性，使其在艺术创作中表现力和感性得以体现。

手工皮纸还展示着相当的持久性和抵御张力的强度。纤维提取和纸张成型过程中采取的特殊方法让手工皮纸能够抵消损耗，并以相当长的时间保持作品的完好与品质不变，从而将艺术作品的寿命延长。由于手工皮纸的广泛应用，它常见于书法、绘画、装裱、剪纸以及手工艺制作等多个领域。手工皮纸所呈现出的独特质感、纹理以及色彩效果，为艺术家和创作者展现了极富表现力的空间。与此同时，手工皮纸也是文房四宝中不可或缺的组成之一，适用于制作印泥、印章以及字帖等用途。

综合看来，手工皮纸在艺术创作和手工制作领域中具有重要地位，因其工艺美感和优良品质而备受推崇。手工皮纸既展现了传统手工艺的娴熟技艺，同时也展现了人们对纸张的创造力和审美追求。

3. 竹纸

竹纸是以竹子为原料制成的纸张。在传统手工纸中，竹纸通常以幼稚的竹子为主要材料制造，主要由毛竹制成，此外还使用苦竹、绿竹、慈竹、黄竹等不同种类的竹子。竹纸在传统手工纸中产量大、分布广且技术先进。

竹纸的制作始于晋朝时期，采用竹子为原材料。然而，由于其制作过程复杂，直到宋朝才取得较好的成果。我国南方地区广泛分布着竹纸，且种类多样化。根据工艺和地域不同，通常将竹纸划分成连史纸、贡川纸、毛边纸、元书纸和黄表纸五大类。其中，连史纸和贡川纸的工艺较为复杂，如今在江西铅山和福建连城仍有制作连史纸的工坊。贡川纸的制作则需要复杂的蒸煮和发酵工艺，目前已经绝迹。而毛边纸和元书纸类现在较为常见，许多地方如浙江、江西、福建都有制作这类竹纸的作坊。

竹纸与其他纸张相比，它具有以下一些特点，包括：

纤维结构独特——竹纸的细纤维特点彰显其独特之处，与其他纸张相比，展现出纤维结构的差异。竹子的纤维特征显现出其细长且富有弹性的特性，赋予竹纸较高的韧性和冻结状态下的稳定性。因为这种特殊的纤维结构特性，竹纸得以凸显其别样的触觉感受和纹理。

质地柔软——竹纸的质地柔软及其在艺术创作中的适用性，竹纸具有质地柔软细腻、触感舒适等特点，其纤维较长且纤细，能够制成平滑的纸张，非常适合于书写、绘画等艺术创作。

视觉效果独特——竹纸的原料竹子一般呈现自然的鲜绿或浅黄色，造就了竹纸的鲜明色彩。这种自然色彩赋予竹纸独特的视觉效果，让作品更富生动与活力。

品质稳定——竹浆纸拥有相当水准的持久度和一致性。鉴于其竹浆纤维具备较高的质地，由此制成的纸张可以经受较高的张力，而不易损坏。同时，竹浆纸还表现出相当的耐久性，使艺术作品得以完整、品质保存相当时间。

生态环保——竹子是一种快速生长的植物，其生长期较短，资源丰富。相较于其他纸张原料如木材，利用竹子制作纸张更具生态环保性。竹纸制造过程中的污染程度相对较低，同时体现了可持续发展的理念。

4. 藤纸

藤类植物的革皮是藤纸的材料来源。严格来说，藤纸也被归为皮纸范畴，但由于它曾经非常有名，后来又突然消失，因此被单独列为一种。葛藤、紫藤、黑藤、黄藤等是藤纸的主要原料，唐宋时期，剡溪一带曾经产量极高，但由于对当地藤类植物过度伐木，使其消失。根据历史记载，蟠纸产生于浙江剡溪、余杭等地，古代对这些藤纸还有使用上的差别，例如颁赐、处罚等诏书所使用的是白藤纸，而其他文书则使用青藤纸。藤纸大约在东汉和帝元兴年开始生产，灵感来自前人丝织品的制作方法。在唐宋时期，越中的人们多使用古藤制作纸张，在一些当地的县志和文人墨客的诗词中也描绘了藤纸，甚至一些人写出了制作藤纸的方法。唐人李肇的《翰林志》记载："凡赐与、征召、宣索、曰诏，用白藤纸；凡太清宫道观荐告词文，用青藤纸；敕旨、论事、敕及敕牒，用黄藤纸。"藤纸由于藤皮纤维长，因此具有耐用性和较高质量。然而，令人遗憾的是，纸工只顾滥伐古藤，"持刀斩伐无时，劈剥皮肤以给其业"，却没有注意种植，最终导致剡溪一带的数百里野生古藤几乎被砍伐殆尽。唐人舒元舆路过这个地方时，看到野生藤被摧毁的惨状，还感慨地写下了《悲剡溪古藤文》。藤虽然每年都会生长，但生长周期比麻、楮、竹要长，资源有限，无法承受肆意的滥伐。因此，自晚唐以来，藤纸逐渐减少，到宋代以后，剡溪的藤纸已经无法生产，最终消失，并成为一个历史名词。

藤纸具有以下特点：

轻薄柔韧——藤纸作为轻薄纸张的一种，具有极高的柔韧性和韧性，它被广泛应用于手工艺品、纸盒和包装材料等领域。此外，由于其特殊的特性，藤纸也可以用作书写和绘画的纸张，让用户体验到更优质的书写和绘画过程。

不易变形——藤纸的特点之一即是其相对较薄而且柔韧性很好。无论是弯曲还是折叠，藤纸都能轻松适应各种形状，而不会出现断裂或损坏的情况。这使藤纸成为制作手工艺品时的理想选择，因为它们可以被塑造成各种想要的形式，一经完成即刻展现优美的外观。它在包装材料领域中具有独特的优势。在纸箱制造中，藤纸可以更好地承受商品的重量并保持商品的安全状态。与其他纸张相比，藤纸对冲击和挤压具有更好的抵抗力。因此，许多企业倾向于选择藤纸作为包装材料，以确保商品在运输和储存过程中的完好性。

纹理美观——藤纸的纹理可以表现为舒展而流畅的曲线，也可以呈现出不规则的纹理层次。同时，藤纸的质感也是其纹理美观的重要组成部分，其细腻光滑的质感使藤纸在装饰品制作中具备了独特的触感美学效果。

经久耐用——藤纸可以在长时间使用过程中，保持稳定的形状和结构。藤纸制品不易受到外界因素影响引起的变化。非常适合用于制作纸篓。藤纸所制纸篓在使用过程中，由于其相对较高的耐久性，不易破损，能够长时间保持形状，有效满足了纸篓对耐久性的要求。作为一种经济实用的制作材料，藤纸的耐久性为其在各类物品制作领域中广泛应用提供了可靠的保障。

易吸湿受潮——由于其对湿气的感应能力较强，藤纸极易吸附周围空气中的湿气，因而产生纸张翘曲或发霉等问题。特别是在湿度较高的环境中，必须对藤纸实行特殊的保护和仓储措施。

5.宣纸

宣纸，源自安徽泾县。作为我国古代书写和绘画材料的代表，宣纸起源于唐代并传承至今。宣纸具有均匀的纤维分布、光滑的表面、柔韧的手感以及优良的传墨性能。宣纸的发展和应用受到了历代文人墨客、书画家等艺术家的高度推崇，并成为我国传统文化的重要组成部分。随着现代科技的不断发展，宣纸的生产和市场模式也得以调整与创新。宣纸因其容易保存、经久耐久且不易褪色等特点而享有"纸寿千年"的美誉。

正因为如此，可以说宣纸是一种皮纸，然而由于早期宣纸使用了纯青檀皮进行制造，因此可以被视为真正的皮纸。后来，宣纸中还加入了稻草，这使宣纸的特性与皮纸有着显著的区别，从而单独成为一个特殊的纸张类型。虽然目前关于宣纸起源的诸多说法并不一致，也没有定论，但可以肯定的是，宣纸在明朝时期开始大规模出现。

宣纸具备"韧且滑润、光泽不滑、洁白浓密、纹理纯净、搓折不毁、墨液吸收性高"等特征，还具有独特的渗透和润滑性能。当用于书写时，纸张坚韧有力，作画时也能激发创作灵感，成为中国文艺风格最具体现性的书画纸。所谓"墨色依深浅分辨，纹理显著，墨色显著清晰，层次分明"，这是绘画家通过利用宣纸润墨的特性，使水墨比例得以控制，并在书写和绘画作品时呈现出一种优美的艺术效果。另外，宣纸还具有抗老化、不变色、抗虫蛀以及寿命长的特点，因而被赞誉为"纸寿千年"。宣纸曾在19世纪巴拿马国际纸张比赛中荣获金牌。除了被广泛应用于题诗和绘画这类艺术创作之中，宣纸也被公认为撰写外交信函、保存重要档案和历史文献所做的最佳选择。许多我国流传至今的珍贵古籍和名人书画作品，正是托付给宣纸才能够保存至今，并且现如今仍然保存完好。

尽管近代以来宣纸受到了许多书法、绘画大师的推崇，但实际上，除宣纸外还存在许多非常优秀的手工纸，它们在某些方面优于宣纸。这些纸曾经享有盛誉，为我国传统文化的传承做出了重要的贡献。因此，不能因为宣纸独大而忽视和遗忘其他纸张的存在。毕竟，多样的选择是书画爱好者的福气。

各类手工造纸品的材质独特，如华美且坚韧的皮纤维和柔软的植物茎秆纤维，这些材料为纸张注入了独特的特性和质量。每张纸都有着活灵活现的艺术性，承载着无限情感和历史的痕迹。从大麻纸的庄重古雅到竹纸非凡的韧性，再到桑皮纸的柔软和温和，纸张之美可谓如诗如画，吸引人们深入其中。

二、按抄造方法分类

以抄造方法划分，可以分为抄纸法和浇纸法以及抄纸、浇纸混合法。

（一）抄纸法

1. 概述

抄纸法是一种手工造纸方法，也是最传统和最常见的造纸方法之一。在抄纸法中，将纤维素质的纸浆均匀地抄在纱网或细麻布上，形成纸张。这个过程类似于在纸浆中悬浮纤维，并使用筛子或模具将纸浆捞起并排水，使纸张成型。

2. 制作工艺

准备纸浆：纸浆可以通过将纸张废料或纤维素质的原料（如木材、棉花等）进行破碎、漂白和搅拌而得到。

制备纱网或细麻布：纱网或细麻布被放置在平坦的框架上，形成一个可以容纳纸浆的底部。

抄纸：将纸浆均匀地倒入纱网或细麻布中，然后用工具将纸浆平均地抄在纱网或细麻布上。

排水和压实：通过轻轻压实或用吸水纸吸水来排除多余的水分。

干燥：将抄好的纸张晾干，通常通过自然晾干或使用加热设备进行加速干燥。

抄纸法适用于制作特殊纸张，例如艺术纸、手工纸和高档纸张。它具有较低的生产能力，因为整个过程需要手工操作。

（二）浇纸法

1. 概述

浇纸法是一种古老的造纸方法，它也是手工造纸的一种形式。在浇纸法中，纸浆被浇在带有纹路的金属或木质模具上，并经过排水和压实步骤，使纸浆成型。

2.制作工艺

准备纸浆：与抄纸法相同，纸浆可以通过废纸或纤维素质的原料制备。

准备模具：模具通常是由金属或木材制成，具有所需纸张的形状和纹理。

浇纸：将纸浆倒在模具上，并使用工具使纸浆均匀地填满模具表面。

排水和压实：通过轻轻压实或使用吸水纸来排除多余的水分，并使纸浆形成纸张的形状。

分离纸张：当纸张干燥后，将其从模具上分离出来。这可能需要小心操作，以避免纸张的损坏。

干燥：将分离出来的纸张晾干，通常通过自然晾干或使用加热设备进行加速干燥。

浇纸法适用于制作具有特定形状和纹理的纸张，如水印纸和艺术纸。与抄纸法相比，浇纸法具有更高的生产能力，但仍然需要手工操作。

（三）抄纸法与浇纸法的区别

抄纸法与浇纸法主要有两大区别，一是抄纸法需要加纸药以便分张而浇纸法不用；二是在抄纸方式上，抄纸法需把打好的纸浆在水槽里分散开之后，每位抄纸工只使用一个夹着抄纸帘的活动式帘模，用帘模把槽中的纸浆抄捞出来后，打开帘模，把纸帘上的湿纸置于旁边的平台上滤水，而浇纸法使用固定式帘模，纸浆浇到平放在水面的固定帘模的上面均匀摊开，一张帘只能浇一张纸。

我国绝大多数手工造纸地区都使用抄纸法，这也是祭拜蔡伦为祖师的传统造纸区。新疆、滇西南以及西藏地区等少数民族地区浇纸法较为常见，而云南纳西族东巴纸是目前已知的使用抄纸、浇纸混合法生产的纸张。在纳西族抄纸、浇纸混合法的造纸过程中，浆料放在用类似浇纸法的木框围成的固定帘模上，均匀分散开之后类似抄纸法将纸反扣出来贴在木板上晾晒，每块木板只贴一张纸，又类似浇纸法，所以兼具抄纸、浇纸的混合特点。

三、按用途分类

手工纸在纸品用途上具有广泛的应用，可以分为文化用纸、生活用纸、工业用纸和民俗用纸四类。

（一）文化用纸

文化用纸主要用于印刷和书画领域。尽管机械纸已经占据了大部分印刷用纸市场份额，但一些高端文化类书籍仍选择使用手工纸来增加其收藏价值。手工纸具有优良的润墨性、延展性等特性，在印刷和书画过程中表现出独特的优势。书法家、画家和书画爱好者成为手工纸文化用纸消费的主力。

（二）生活用纸

生活用纸可以分为卫生用纸和工艺用纸两类。

卫生用纸是手工纸中产量最高、销量最大的品种之一。尽管机械卫生纸已经普及，但在偏远山区仍有人使用手工纸卫生用纸。然而，手工纸在卫生用纸市场中的份额逐渐被机械纸取代。

工艺用纸主要用于制作各种手工艺品，如纸扇、纸伞、风筝、剪纸等。手工制作的纸扇具有艺术装饰效果和观赏价值，扇面可手工题诗作画、印刷图案或加工其他色彩。纸伞可以营造出江南烟雨般的情境，逐渐在国际市场上受到欢迎。手工纸制作的风筝更轻盈，同时也带有儿时传统的情愫。剪纸艺术在中国北方广泛存在，给节日增添喜庆和祥和的氛围。

（三）工业用纸

工业用纸主要体现在包装纸、鞭炮纸、吸油纸和导电纸等方面。随着技术的进步，手工工业用纸的种类也不断增多。

包装纸主要用于茶叶等商品的包装，具有保护和装饰的功能。例如，云南澜沧的构皮纸主要用于包装上等普洱茶叶。

鞭炮纸是制作鞭炮和礼花的主要原材料之一。手工纸的疏松结构使碎纸燃放效果更好，因此在鞭炮制作中得到广泛应用。

吸油纸由手工纸制成，用于吸收实验室和生产过程中的多余油脂。它被学校实验室和机械制造厂等领域广泛使用。

导电纸是在手工制作过程中添加导电材料，用于精密机电元器件之间的导电。近年来，手工纸还被应用于锂电池生产过程中的某些关键组件，以提高电池能量密度和减少环境污染。

（四）民俗用纸

民俗用纸主要用于祭祀、抄写经卷和象征性符号的纸品。

祭祀用纸包括黄表纸等，用于祭祀活动。在不同地区，人们对祭祀用纸有着不同的信仰和习俗，认为手工纸更能被祖先接收。

抄经纸在手工纸中占据很大比例，用于抄写和印制经文。各地使用不同材料制作抄经纸，对于许多宗教信仰者来说，使用手工纸抄写经文更显虔诚。

手工纸在不同领域的应用广泛，不仅展现出传统的工艺和艺术价值，也在一些新兴领域得到创新应用。

四、从分类看古代造纸技术的创新

从最早的手工造纸术发展到后来的纸张质量和应用的改进，古代人通过不断的实践和创新，提高了纸张的品质、纸张制作的效率以及纸张的应用领域。古代造纸技术的创新，主要包括原料创新、打浆技术改进、模具制作改良、漂白和着色技术的引入以及干燥工艺的改进。

（一）原料创新

古代造纸技术的创新首先体现在纸张原料的选择上。最早期的造纸术使用桑皮和藤皮等植物纤维作为原料，但随着时间的推移，人们开始尝试使用竹子、麦秆、稻秆等其他植物纤维。这些新的原料使纸张更加耐用、柔软，并且适用于不同用途。比如竹纸在质地上更加坚韧，适合书写和绘画，而宣纸则更加细腻光滑，适合绘制细腻的字画。

（二）打浆技术改进

打浆是造纸过程中的关键步骤之一。古代人对打浆技术进行了不断改进，以提高纸浆的质量。最初的打浆工具是石磨，后来出现了更加高效的水力搅拌器，使纸浆更加细腻均匀。这种改进直接影响了纸张的质地和光滑度，提高了纸张的书写和印刷效果。

（三）模具制作改良

模具是造纸过程中用于形成纸张纹理和形状的工具。古代匠人改良了模具的制作工艺，使用更加精细的模具，制作工艺也得到改进，使纸张具有更好的外观和纹理。改进后的模具使纸张的厚度和纹理更加一致，为书写和印刷提供了更好的基础。

（四）漂白和着色技术的引入

古代人引入了漂白和着色技术，以使纸张更加洁白或赋予纸张丰富的颜色。漂白技术通过去除纸张中的杂质和色素，使纸张更加洁白、清晰。古代匠人使用各种方法进行漂白，如日晒、水洗和化学漂白等。这使纸张在书写和绘画时更加清晰可见。同时，古代人也引入了着色技术，通过添加染料或颜料来赋予纸张丰富的颜色。这使纸张在艺术创作和装饰方面具有更大的灵活性和表现力。

（五）干燥工艺的改进

纸张的干燥过程对最终纸张的质量和性能具有重要影响。古代匠人改进了纸张的干燥工艺，采用更科学、高效的方法来保证纸张在干燥过程中保持形状和质量。他们使用风干、太阳曝晒等方法来加速纸张的干燥，同时采取措施防止纸张变形或收缩。这种改进使得纸张更加坚固耐用，并且保持了纸张的平整和光滑度。

古代造纸技术的创新在纸张制作的各个方面都发挥了重要作用。通过原料创新、打浆技术改进、模具制作改良、漂白和着色技术的引入以及干燥工艺的改进，提高了纸张的质量，改善纸张外观，扩大了纸张的应用领域。这些创新不仅促进了古代社会的文化、教育和经济的发展，也为后世的造纸技术奠定了基础。古代造纸技术的创新成果是人类智慧和努力的结晶，对于人们理解和欣赏古代文化遗产具有重要意义。

第三章

桑皮纸制作技艺

第一节 | 桑皮纸制作技艺的历史与传承

一、桑树种植与桑皮开发利用

（一）古代桑树种植

桑树是中国最古老的原生树种之一。桑树的种植和利用在中国文明史上具有重要地位。据考古学家的研究，桑树的种植在中国可以追溯到公元前5000年左右的新石器时代。最早的桑树种植主要集中在中国的黄河流域和长江流域地区。桑树适应性强，耐寒耐旱，在中国的不同地区都有种植，尤其是南方地区更为广泛。

人们常使用成语"沧海桑田"来表达时光的流转，而提到故乡时，也常以"桑"来代指。这表明"桑"已经成为一种无意识的符号，深深地融入了中国人的文化积淀。作为中国最古老的树种之一，桑树不仅承载着人文历史的印记，还具有医药保健和经济价值。

据记载，中国桑树的栽培历史已有7000多年，是世界上最早种桑养蚕的国家。桑树的存在是中华民族对人类文明的伟大贡献之一。桑树属于桑科桑属，为落叶乔木，高度可达16米左右。桑葚果实呈紫黑色或淡红、白色，多汁而甜美，成熟期在5月至7月之间。桑树在中国的广大地区都能够生长，桑树的皮、叶和根部都具有药用价值，桑叶是最佳的蚕食料。

我国古代对于桑树的种植，主要是为了养蚕。相传黄帝的妻子嫘祖最早开创了种植桑树用于养蚕的技术，在帮助黄帝统一中原、成为一个以农业为基础的国家，以及巩固子民的过程中，为民众带来了福祉。通过考古学的发现，商代的甲骨文中早就出现了桑、蚕、丝、帛的象形文字。周代时期，采桑养蚕已经成为一项重要的农事活动。到了春秋战国时期，桑树的种植面积已经很大。在古代，人们养成了在门前种植桑树的传统习惯。诗经中有一句："维桑与梓，毕恭敬止"，后人便把"桑梓"比喻为故乡。诗经中还有："十亩之间兮，桑者闲闲兮"。在我国悠久灿烂的历史文明中，桑蚕为人们留下了深深的文化印记。我国古代桑树种植历史悠久，桑树在中国的地位也非常重要。桑树种植起源于古代的农耕社会，经过漫长的发展和传承，成为中国传统农业中的重要组成部分。

桑树在中国的地位不仅局限于蚕丝产业。桑树的多种用途使其成为中国古代社会的重要资源。除了蚕丝，桑树还可以提供桑叶、桑葚等食材，桑树的根皮可以入药，桑木可以用于建筑和制作家具等。因此，桑树被誉为"天下第一树"，在中国古代的农业生产和日常生活中具有重要的地位。

桑树的种植和养蚕技术在中国古代得到了广泛的发展和传承。农民通过多年的实践和总结，积累了丰富的桑树种植和养蚕的经验。他们不仅掌握了桑树的栽培和管理技术，还发展了各种蚕丝的加工工艺和织造技术。桑树和蚕丝产业的繁荣也推动了中国古代的经济发展和文化交流。

（二）桑皮的开发利用

桑树在中国的大量种植也为造纸业提供了充足的原材料。桑皮从桑树枝上剥取下来，其由韧皮和表皮等组成。其中，韧皮部分占据了整根杆的 26%~30%。前文已经提及，桑皮纤维是常见皮料中最出色的造纸长纤维原料。除了纤维长度较长，桑皮与其他造纸原料相比，其木质素的含量较低。木质素对纤维的长度、韧性以及成纸的化学和力学性能都有影响。木质素的含量越高，纤维就越脆硬，弹性也越差，从而导致成纸的力学性能下降。基于这种影响，桑皮纤维在韧性、光泽度以及成纸的力学性能方面均优于构树皮、亚麻、麦草以及杨木等其他原料。

二、中国古代桑皮造纸源流

桑皮纸非常古老，使用桑竹皮造纸的记载最早出现在蔡伦改良造纸术 200 年以后。桑皮纸，是一度傲视造纸业舞台的角色，因其坚韧耐用而备受古人推崇。曾依赖它制作书画、纸币、扇子、书籍等。具备悠久历史背景的桑皮纸，被赞誉为人类纸业的"活化石"。穿越千百年的光阴，它承载着中国传统造纸工艺的珍贵史迹，成为人们认识我国纸文化历史的窗口之一。

1. 东汉时期

在蔡伦去世后的 80 年，便出现了一位名为左伯的造纸名家，他造的纸不仅洁白柔软，而且厚薄均匀，相较于过去的纸质地也更加细腻，因此被广泛接受，并将这种纸称为左伯纸。后人提到纸的起源史时往往将左伯与蔡伦并列，如唐朝李峤《纸》中的诗句："妙迹蔡侯施，芳名左伯驰。"清朝乾隆帝《纸》中的诗句："不知有汉蔡伦合，漫数惟莱左伯嘉。"《题金粟笺》中的诗句："蔡左徒曾纪传闻，晋唐一片拟卿云。"同样以树皮、麻头以及碎布等作为原材料，而通过新技术制作的纸张外观光洁无瑕，非常适合书写，并且具有较高的实用价值，因此在当时备受文人的青睐。左伯纸（又称"子邑纸"），与张芝笔、韦诞墨并称为文房"三大名品"。南朝竟陵王萧子良给人写信时称赞"子邑之纸，研妙辉光"。精于书法的史学家蔡邕则"每每作书，非左伯纸不妄下笔"，足见"左伯纸"声誉之高。

左伯

麻文画

图3-1 左伯

左伯（图3-1）是当时有名的书法家，他在写书法时，不断尝试进一步改进"蔡侯纸（蔡伦造的纸）"的质量，与当时的学者毛弘等人一起研究总结蔡伦造纸的经验，进一步改进造纸工艺。

之所以当时能够造出质地细腻的左伯纸，和当时的地域条件、时代等原因是脱不开关系的，因为左伯纸的原料主要是桑皮和麻料，而东汉时期的山东，也就是当时的齐鲁，这类造纸原料非常丰富，当地的桑蚕业有着非常悠久的历史，主要就是依靠丝绸之路出口蚕丝到西域为生，还有着"男耕女桑"的说法，可见当时的桑树资源多么丰富。

《诗经》收录了北方黄河中下游地区以养蚕为主题的诗歌作品。在黄河这一区域中，山东地区的蚕丝产业发展最为繁荣。山东自古号称"齐纵鲁纺，桑麻千里"之乡。秦汉以来，历代都把农业生产称为"农桑"，把重农桑作为立国之本。《史记》记载："齐鲁千亩桑麻，其人与千户等"。谁能想到，到了汉代，山东还会种这么多桑树，还如此富裕。山东桑树统称"鲁桑"，《蚕桑萃编》也曾有"鲁桑为桑之始"的记述，说明了鲁桑品种在桑树演化中的重要作用，也佐证了农耕文明在鲁地的悠久历史。

左伯造纸所用材料，虽无文字记载，笔者认为必然用到桑树皮，原因有二：

一是左伯所在的地区，当时桑蚕业占据重要地位；二是左伯纸优良的品质，展现了更强的特性，最大的优点就是韧性大，因此长时间使用也不会损毁，有着"百折不损"的说法，摸起来的手感虽然柔软，但不像其他纸张一样一戳就破。而且左伯纸的纸纹是非常细腻的，质地均匀轻薄，可以说是一般纸张无法相比的。这与现代手工桑皮纸具有一致性。诸多手工桑皮纸非遗传承人也将左伯视为桑皮纸的祖师。

东汉时期造纸原料应就地取材，山东临朐桑蚕业历史悠久，早在春秋战国时期，属于齐国的临朐已经成为桑蚕产业最发达的地方之一。汉代织造出洁白如雪的"齐纨"，并通过丝绸之路传销至西域各地。"齐纨鲁缟车班班，男耕女桑不相失"（杜甫诗句），反映了临朐一带桑蚕生产的盛况。据当时的记载，齐鲁地区种植桑树面积达到了千亩，这意味着造纸所需的原料非常丰富。根据西周时期的地图，临朐和莱州相邻，因此山东临朐手工纸即是左伯纸也顺理成章。有学者在研究相关史料并实地调查左伯的家乡后认为左伯纸是山东手工纸的起源。

2. 魏晋南北朝时期

在此期间，有了关于桑皮造纸的文史记载。西晋著名文学家，书法家陆玑《毛诗草木鸟兽虫鱼疏》中对榖及榖皮纸有明确记载："榖，幽州人谓之榖桑，或曰楮桑。荆、扬、交、广谓之榖，中州人谓之楮桑。"但据笔者考究，榖桑为桑科木本植物，但并非桑树，而为楮树。北宋苏易简（958—996）在其著作《文房四谱》中有关于桑树造纸的记载："雷孔璋曾孙穆之，犹有张华与祖书，所书乃桑根皮也"。张华（232—300）为西晋名臣，这说明桑皮纸的生产历史至少已有1700多年。尽管文献记载始于魏晋，但这一时期的古纸样品中桑皮纸似乎并不多见，一般来讲魏晋时的造纸原料还是以麻为主。桑皮纸较多出现在隋唐时期，尤其是在敦煌遗书和其他西北地区的文献用纸中所见较多。根据中外学者对敦煌遗书用纸情况的研究结果来看，桑皮纸在其中占有相当比例，且大多都被加工成硬黄纸。

这时全国各地都建立起官私纸坊，随着造纸技术的进步，各地在造纸上就地取材。北方主要生产麻纸、楮皮纸、桑皮纸，以长安、洛阳、山西、山东、河北等地为中心。当时南朝时期较为有名的"张永纸"深受欢迎，张永（420—479）造的纸为宫廷御用纸所不及。这个时期开始生产各种色纸，另外在造纸原料选择上，开始将麻纤维与树皮纤维原料混合制浆造纸。北魏农学家贾思勰在《齐民要术》中有记载："煮剥卖（树）皮者，虽劳而利大。（若）自能造纸，其利又多。"楮树属于桑科植物，在造纸上与桑树拥有相近的特性，这反映当时山东地区种植楮树用于造纸的情景。

通过观察外观和纤维分析等方法，对甘肃省图书馆收藏的19件北魏到唐代敦煌写经纸张进行了调查。经过鉴定分析表明，敦煌经卷多数是使用抄纸法生产的古纸，有着明显的帘纹，并且纤维分布均匀。在敦煌写经中，一定比例的纸张采用了浇纸法制作，这些纸张没有帘纹，纤维分布不均匀。从唐代晚期开始，浇纸法逐渐被淘汰，标志着中国造纸技术的重要转变。经过分析，敦煌写经纸的主要原料是苎麻，部分使用大麻，还有少量的构皮纸或桑皮纸。在制作过程中，既使用了淀粉进行胶合，也尝试了涂蜡等技术，纸张的加工样式更加多样化。特别值得注意的是，硬黄纸在敦煌写经中占据了大量比例，反映了当时纸张制作技术迅速发展的情况。从实物上来看，魏晋南北朝时期的纸张与汉代相比已有明显的进步，首先体现在白度提高、表面平滑度增加以及纸张结构更加紧密，同时纸张质地也更细薄且呈现出明显的帘纹。

3. 隋唐五代时期

隋唐五代时期被视为中国造纸术的进一步发展时期，该时期见证了造纸原料向多样化发展，并且取得了更大程度的技术进步。这些进步包括改善纸浆性能和改革造纸设备，能够制作出更大幅面且质量优良的纸张，以满足书画艺术的特殊需求。此外，纸张加工也变得更加考究，一些名贵的加工纸也因此出现并载入史册，对后世产生了启发和效仿的作用。隋唐五代时期的纸张种类不仅包括麻纸、楮皮纸、桑皮纸和藤纸，还出现了檀皮纸、瑞香皮纸、稻麦秸纸，此外，新式的竹纸也在这一时期首次亮相。从历史文献来看，虽然桑皮纸和楮皮纸在历史上有着悠久的传统，但实物的保存在唐代之前并不常见，隋唐时期皮纸的数量逐渐增多。例如，在敦煌石室中发现的隋代《妙法莲华经》就是用桑皮纸制作而成的，而唐代的《无上秘要》和《波罗蜜多经》也使用了皮纸。值得注意的是，唐代初期传世的冯承素摹写的《兰亭序》使用的也是皮纸。唐代韩滉《五牛图》是迄今为止最早用桑皮纸制作的绘画作品之一，它由五块桑皮纸拼接而成。随着造纸原料范围的不断扩大和造纸技术在全国各地的推广，隋唐五代时期的造纸产区也遍及全国各地。

根据唐代的《元和郡县图志》《新唐书·地理志》和《通典·食货典》三篇著作的记载，唐代各地贡纸的地方共有常州、杭州、越州、婺州、衢州、宣州、歙州、池州、江州、信州、衡州等11个州邑。然而，这一统计数据并不完整，事实上，纸的产地远不止这些地区。与魏晋南北朝时期相比，隋唐五代时期的造纸技术进步得更为显著，纸的质量和加工技术都大幅超过了前代，并出现了许多名贵纸张，被后世所称颂。同时，在造纸设备方面也有所改进。隋唐五代时期，大部分抄纸器采用的是活动帘床纸模，只是纸帘子的编制材料不同，被分为粗茶帘纹和细条帘纹。长宽幅度上，唐代纸比魏晋南北朝时期的纸要大。为了满足写字和绘画的需求，唐代纸分为生纸和熟纸。张彦远在《历代名画记》卷三中明确指出了唐代生熟纸的用途。在讲到装裱书画时，他提到："勿以熟地背，必皱起，宜用白滑漫薄大幅生纸。"这里所说的生纸指的是直接从纸槽中抄出经过烘干后形成的未经处理的纸，而熟纸则是指经过一系列加工处理的纸。纸的加工主要目的是通过研光、拖浆、填粉、加蜡和施胶等措施，阻止纸面纤维间不必要的毛细孔，以避免运笔时因走墨而造成晕染，从而达到书画预期的艺术效果。这样经过处理的纸逐渐变得成熟。同时，由于木刻印刷术的发明，极大地推动了造纸业的发展，纸的产地进一步扩大，名纸层出不穷。

4. 宋元时期

宋辽金元时期是中国造纸术的成熟阶段。此时造纸原料较之隋唐五代又有新的开拓，竹纸和稻麦秆纸的发展标志着造纸史中的新纪元。造纸区域、纸的品种及加工技术越来越向广的方向发展。纸的用途在社会上再一度普及到各个方面。对于大宗用纸的行业而言，如果说唐代纸大部分用于抄写，则宋元纸大部分用于印刷，而且耗量之巨非唐代可比。与竹纸崛起的同时，大幅优质皮纸的涌现也是此时期不同于前代的特点。中国造纸术获得全方位的发展，新技术不断出现，纸的加工花样翻新，为后世所称道。由于造纸术的发达，此时还出现了有关纸的专门著作，也是前代所无。

苏轼的《三马图赞》、黄公望的《溪山雨意图》（29.5厘米×105.5厘米）用的都是桑皮纸。此外，如李建中的《贵宅帖》、苏轼的《新岁展庆帖》、宋徽宗赵佶的《夏日诗帖》、法常的《水墨写生图》以及元人李衎的《墨竹图》、赵孟頫的

《人骑图》、朱德润的《秀野轩图》、张逊的《双勾竹石图》等，都采用皮纸，表面平滑、洁白，纤维交织匀细，都是上等纸。宋元刻本书也多用皮纸。如中国国家图书馆藏北宋开宝藏经《佛说阿惟越致遮经》（公元 973 年刻，公元 1108 年刊）用的就是高级桑皮纸，双面涂蜡、染黄，即黄蜡笺。南宋中期世采堂刻《昌黎先生集》用细薄白色桑皮纸。此外，杭州刻宋版《文选五臣注》，南宋杭州刻《汉官仪》、四川眉山刻本《国朝二百家名贤文粹》，蒙古定宗三年（公元 1248 年）刻本《证类本草》，都是皮纸。有名的北宋司马光《资治通鉴》手稿，北宋元丰元年（公元 1078 年）内府写本《景祐乾象新书》，南宋淳熙十三年（公元 1186 年）内府写本《洪范政鉴》等也采用皮纸。1966~1967 年浙江瑞安慧光塔出土北宋明道二年（公元 1033 年）雕版《大悲心陀罗尼经》用桑皮纸印刷。宋元时期还制造混合原料纸，这又是一大成就。如北京故宫博物院藏北宋米芾的《公议帖》《新恩帖》是竹、麻混料纸，米芾的《寒光帖》是竹与楮皮混料纸，而其《高氏三图诗》是麻、楮混料纸。混料纸的制造具有重大技术和经济意义，可兼具不同原料之优点，是中国造纸术中的一个独特的技术路线。

从工艺上看，宋代的金粟笺经过显微分析化验，证明是桑皮纸。纸较厚，每张由两层薄纸所成，故可揭成两张。正如明人文震亨《长物志》所说："宋有黄、白藏经纸，可揭开用。"由于纸上涂蜡，又经研光，故纸上帘纹不显。

5. 明清时期

明清时期，是传统造纸技术史中的最后一个阶段，可以把这个阶段称之为集大成阶段。明代社会经济和科学文化比宋代发达，从整个科学技术史角度看，明代也是个总结性发展阶段。在造纸技术史领域内同样如此。这个阶段在造纸原料、技术、设备和加工等方面都集历史上的大成，纸的产量、质量、用途和产地也都比过去任何时期处于更高的发展阶段。同时还出现专门论述造纸技术的插图本专著，为前代所未见。随着中外交流的紧密，中国精工细作的纸、纸制品及加工技术继续传至国外。清末，中国又从西方引入机器造纸技术，从而在造纸技术史上揭开了新篇章。明清时期中国传统造纸技术达到历史上的顶峰，但也随着清朝封建统治的衰落而进入低谷。

明清时期纸的用途像宋元时期那样多种多样，但消耗量有增无减，主要用于书画、文书、印刷、包装及宗教方面。纸币在此期间发行量更大。洪武七年（公元 1374 年）设宝钞提举司，次年发行"大明宝钞"命民间通行，用桑皮纸，一度以纸币向官员发薪俸。明清时期流行的壁纸此处值得一提。壁纸即糊墙用艺术加工纸，一般染成不同颜色，绘以图画，或印上彩色图案，作室内装饰，有时还用粉笺，从内府到民居普遍流行，消耗量相当大。

清代吴敬梓所著《儒林外史》第五回里写道："两个人才扳过来，枣子底下，一封一封，桑皮纸包着；打开看时，共五百两银子。"这说明桑皮纸在明清时期已经非常盛行，用途也很广泛。清代及民国时期形成的地方官府典籍书册，基本上以桑皮纸作为书页。桑皮纸除了作普通用纸外，古时还一直用于高级装裱、制伞、糊篓、做炮引、包中药、制扇子等。

第二节 | 桑皮纸制作工艺及生产方法

清代画家高继珩在《蝶阶外史》卷四有"桑皮纸"一文："永平之地多老桑，居人植此为业，而育蚕者颇少。大者蔽牛中车，材柔条脆，干摧为薪。叶，霜后采入药，能明目。而其利尤在皮。剥之，剐之，揉之，舂之成屑，焙釜中令熟。拓石塘方广数尺，浸以水，调以汁如胶漆。制纸者，刳木为范，罥虾须帘。两手持范，漉塘中去水存性，复置石板上，时揭而曝之，即成纸矣。今永平一带，如迁安纸庄、滦州何家庄为尤多。贫民操作甚苦，而获利微眇。后有兴蚕之利者，庶不负此良材，而民之食利不啻倍获，是所望于守令也。"

这里介绍制造桑皮纸的工艺流程。文中"其利尤在皮。剥之、剐之、揉之，舂之成屑，焙釜中令熟。"说的是小雪节气后，砍下桑条，经汽蒸，蒸好后，剥下皮，去掉皮皱，投入瓮内，在石灰水中翻揉，然后再用大锅蒸，把蒸好的桑皮放在碓石板上砸碓，切成碎屑，这是把桑皮制成纸浆前的主要工序。"拓石塘方广数尺，浸以水，调以汁如胶漆"说的是，把切碎的熟料放入石槽内，用捣槌子揣捣，用碓杆子漩打，用混水耙子搅动纸浆。"制纸者，刳木为范，罥虾须帘，两手持范，漉塘中去水存性，复置石板上，时揭而曝之，即成纸矣。"说的是用木做成帘床，装上簾片抄纸，操作帘床，纸碓中入水抄捞，出水后提簾将湿纸放在用石板制作的抄案上，经过压榨去水，一张一张贴在晒纸墙上，干后揭下即完成造纸的主要工序。这些工序，是制造桑皮纸中最精粹、最主要的工艺。

一、桑皮纸制作的主要工序

（一）选料

选择合适的原材料并进行正确的处理是制作高质量桑皮纸的关键。桑皮纸主要以桑树树皮为原料，在选择桑树树皮时，应选择树龄适中、生长良好的桑树，其树皮质地柔软、光滑，没有明显的伤痕或病虫害。一般选择树龄在两年左右的桑树枝条，每年 5~7 月为采伐桑树嫩枝，其中又以每年芒种前后的质量最好，这时期的桑树皮不老也不嫩，太老杂质多，加工成的纸张质地粗糙，太嫩则纤维纤细，出纸少，纸张缺乏柔韧性。北方地区也有选择在 10 月收割桑枝的，因为这个时节天气寒冷，桑条被冻得很脆，这时的桑皮纤维韧性较强。

采伐的桑树纸条可先用水浸泡，以方便树皮与枝条的分离。用小刀将枝条皮和枝干分离后，枝条皮要进行内皮和外皮的分离，用于造纸的是内皮。桑树皮采摘后需要进行晾晒，使其变干并松弛，以便后续的加工处理。

（二）煮料

将分拣出的枝条内皮放入锅里，加水至浸没枝条皮，蒸煮时加入弱碱，主要的作用是将原料的木质素去除干净，但是蒸煮时间不能过长，时间过长会对纤维本身造成损伤，导致纸浆的强度和得率下降。煮至枝条皮软化，颜色呈咖色为止。桑皮出锅后在水池中进行清洗，以便去除掺杂的石灰与杂质，在清洗时尽量把桑皮分散开，清洗两三遍即可，此时的桑皮变得比较柔软且颜色变白。

（三）制浆

将煮好束成圆团的枝条皮放在石制的捶捣台上，用木槌进行捶捣至桑皮坯。捶捣过程中，边翻边砸，同时挑出残留的外皮杂质，待桑皮坯捶制呈片状，松软，手撕易断，断口纤维长度均匀，无明显纤维束，即为捶制好的桑皮浆。

（四）捞纸

将捶制好的桑皮浆放进发酵容器内先加适量水至搅拌均匀，再进行浸泡分散（每 1000g 桑皮浆约添加 25L 水）。浸泡时，用木杵搅拌至桑皮浆充分分散均匀为宜。根据纸张的克重和尺寸要求，将相应尺寸的纸模放入抄纸槽，再将适量分散后的桑皮浆溶液倒入纸模，并用木杵充分搅拌，均匀摇晃铺平，将纸模平端出抄纸槽。

（五）晒纸

将纸模平端出抄纸槽后，滤水至无水滴漏，即可晾晒。将滤水后的纸模倾斜放在通风较好的晾晒区进行晾晒至干透，注意防灰尘、雨淋、水浸。轻拍晾干后的纸模背面，待纸、模分离后，用起子轻揭，取出成型桑皮纸。

2018 年，新疆维吾尔自治区发布的地方标准 DB65/T 4135—2018《国家非物质文化遗产　桑皮纸的制作技艺流程》中，对桑皮纸的制作技艺流程进行了标准规范，如图 3-2 所示。

二、桑皮纸制作的关键技术和工具

在桑皮纸的制作过程中，有以下几个关键技术和工具起着重要作用。

（一）打浆技术

打浆是将桑树皮纤维打碎和分离的过程，需要掌握适当的打浆时间、力度和方式，以确保纤维素的质量和纸张的成型性能。

（二）模具

纸张模具是用于纤维素悬浮液成型的工具，通常由木材、金属或塑料制成。模具的设计和制造要考虑到纸张的尺寸、形状和表面质量要求。

（三）滤纸

滤纸用于过滤纤维素悬浮液中的多余水分，使纤维素成型。滤纸的选择应具有适当的过滤性能和强度，以确保纸张的质量。

（四）干燥设备

干燥是桑皮纸制作中至关重要的步骤，可以利用自然风干或者使用专门的烘干设备。烘干设备可以控制干燥的温度和湿度，以保证纸张的质量和稳定性。

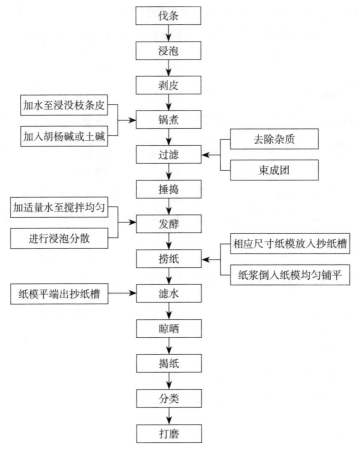

图3-2　桑皮纸的制作工艺流程
来源：DB65/T 4135—2018

（五）整理工具

整理工具是指用于对干燥的纸张进行整理和修整的工具，如刀具、切割机和砂纸等。这些工具能够使纸张具有平整的边缘和表面，提升纸张的质感和美观度。

第三节 | 桑皮纸制作技艺的发展现状

一、桑皮纸制作技艺面临的困境与挑战

经历了千年的辉煌之后，桑皮纸手工制作技艺迎来衰退期。工业时代的迅猛到来，使各种材质的纸张比桑皮纸更精美，而且价格更便宜。而桑皮纸本身的市场竞争优势已不再，许多地方的桑皮纸制作技艺已失传殆尽。昔日光彩熠熠的桑皮纸变得黯然失色，市场严重萎缩。

（一）资源压力

桑皮纸手工造纸技艺所使用的主要原材料是桑树的树皮，而桑树作为纸浆的来源，需要大量的种植和采集。然而，在现代社会中，由于土地资源有限和城市化进程加速，桑树的种植面积逐渐减少，导致桑树皮的供应不足。此外，农民对桑树种植的兴趣和投入也相对较低，造成了传统桑皮纸手工造纸技艺面临着原材料稀缺和供应不稳定的问题。

（二）技艺传承

传统桑皮纸手工造纸技艺的传承面临着严峻的挑战。随着现代生活方式的改变和年轻一代对就业机会的追求，传统手工造纸技艺的传承人逐渐减少。许多年长的手工艺人逐渐退出，年轻人对这项技艺的兴趣和认同度也较低。缺乏专业的培训机构和传承基地，传统桑皮纸手工造纸技艺的传承面临着断层和失传的危险。更令人心痛的是，造纸匠人纷纷转行，其后辈子承父业的也屈指可数，会制作桑皮纸的匠人寥寥无几，这门古老的手工技艺陷入亟待抢救的窘境。

（三）市场需求

在现代社会中，传统桑皮纸手工造纸技艺所生产的纸张产品往往被视为传统和古朴的代表，市场需求相对较小。就这样，在工业化造纸的冲击下，桑皮纸逐渐退出人们的日常生活，高档桑皮纸渐渐绝迹。现代人更倾向于使用机制纸和其他工业生产的纸张产品，这些产品具有更高的生产效率和一致性。传统桑皮纸手工造纸技艺所生产的纸张在价格、质量和规格方面也难以与工业纸张竞争，导致

市场需求不足。传统桑皮纸手工造纸技艺需要寻找新的市场定位和创新方式，以适应现代社会的需求。

（四）环境保护

随着环境保护意识的提升，传统桑皮纸手工造纸技艺面临着环境压力和可持续发展的挑战。传统造纸过程中使用的染料、漂白剂和固化剂等化学物质对环境造成一定的污染。同时，桑树种植和树皮采集也需要遵循可持续发展的原则，以保护生态环境和维护生态平衡。在现代社会中，环保和可持续性已成为消费者选择产品的重要因素，传统桑皮纸手工造纸技艺需要积极应对环境保护的要求，推动技艺的绿色化和可持续发展。

随着工业化生产纸的记忆越来越成熟，已经很少有人愿意用这么复杂且耗时久的技艺来生产纸张了，但是这样制作而成的桑皮纸具有透气通风、不易腐蚀、不易撕破的特点，可以留存千年。古语有云，慢工出细活，正是这样需要时间的手艺才能在时间的考验中留存更久的岁月。

二、桑皮纸制作技艺的传承与保护

保护桑皮纸制作技艺已到了刻不容缓的地步。近几年，我国的非遗保护工作取得可观的成绩，赢得了许多国家的赞誉。中国传统文化正在受到广泛和前所未有的关注，这是时代的赐予，也是非物质文化遗产保护与传承的机遇。国家对手工造纸的传承和创新都加以大力支持和推广，特别是自 2011 年 6 月 1 日起施行的《中华人民共和国非物质文化遗产法》中明确规定，国家对非物质文化遗产采取认定、记录、建档等措施予以保存，对体现中华优秀传统文化，具有历史、文学、艺术、科学价值的非物质文化遗产采取传承、传播等措施予以保护。

经过笔者统计，截至 2023 年 5 月，在国务院已公布的五批 1557 项国家级非遗代表性项目中，共有 11 项是关于造纸技艺的。在 2006 年公布的第一批国家级非物质文化遗产项目中，宣纸制作技艺，铅山连四纸制作技艺，皮纸制作技艺，傣族、纳西族手工造纸技艺，藏族造纸技艺，维吾尔族桑皮纸制作技艺，竹纸制作技艺入选，2008 年公布的第二批国家级非物质文化遗产项目中，楮皮纸制作技艺、桑皮纸制作技艺、竹纸制作技艺入选，2021 年公布的第五批国家级非物质文化遗产项目中，麻纸制作工艺（西和麻纸制作工艺）入选。全国上下给予了极大的重视和关注，国家政策红利下，无论是民间传承、企业创新还是相关的政策发展等都受益匪浅。

我国还制定了一系列的行政法规。2011 年《中华人民共和国非物质文化遗产法》颁布实施。2021 年，中共中央办公厅、国务院办公厅印发《关于进一步加强非物质文化遗产保护工作的意见》，明确并不断完善国家级非遗代表性传承人认定和管理办法、国家级文化生态保护区管理办法等。全国 31 个省（区、市）出台非遗保护条例，一些市、县出台地方性法规，非遗保护工作制度化、法治化水平持续提升。

第四节 | 国内现存桑皮纸制作技艺

一、新疆桑皮纸

（一）概述

新疆桑皮纸又称"汉皮纸"，是中原与西域交往、交流、交融的重要载体和见证。新疆维吾尔族桑皮纸制作技艺是首批被认定为国家级非物质文化遗产的工艺之一。2006 年，维吾尔族桑皮纸制作技艺成功入选第一批国家级非物质文化遗产名录，项目编号Ⅷ-70。2018 年，新疆维吾尔自治区质量技术监督局发布了三项区域性标准，分别是《国家非物质文化遗产 桑皮纸》《国家非物质文化遗产 桑皮纸制作技艺流程》及《国家非物质文化遗产 桑皮纸生产设施、环境及观摩要求》。这些标准发挥了对传统手工技艺生产过程的支持作用及对产品质量的技术保障作用，进一步促进了国家级非物质文化遗产传统手工技艺项目的传承和发展。

（二）制作工艺流程

第一步：首先需在水中将桑树枝浸泡，待其软化后，仔细剥离外部的深色表皮，取出内部白色树皮，之后将其投入大型铁锅中，充分加水至沸腾，在煮制过程中不断搅拌。推测桑树皮已煮至柔软状态时，添加一份起中和效果的胡杨土碱。

第二步：捞出煮熟的桑皮放在一块长方形的薄石板上。艺人跪在石板前，在自己的双腿上盖一块布，然后举起"托乎马克"（一种柄短而头大的木制榔头）砸桑皮。边砸边翻，直至将桑皮砸成泥饼后放进"马塔勒"（半埋在地下的木桶）。

第三步：使用一根上面有一个小交叉的木棒，将其伸入木桶中开始搅拌。经过一段时间，桑皮浆获得充分的搅拌，其中的杂质被专业筛网过滤掉。然后，用一个较大的木制瓢舀出一勺纸浆，接着将一个用于截留纸浆的沙网状模具，尺寸为40~50厘米的木模具，放置在一个浅水坑中。

第四步：在将纸浆倒入模具的过程中，在不断搅拌的同时确保其均匀分布在模具表面。待纸浆均匀铺展后，小心地将模具从水槽中平稳地取出，并置于阳光充足的区域。待纸浆干燥后，可将其撕离模具，得到一张正宗的桑皮纸。

根据《新疆图志》所记，桑皮纸在传入吐鲁番后，其工艺流程出现了明显的改变，而开始使用棉絮、麦秆作为原料。这些纸基本上都成为清代新疆官府所使用的公文纸，然而由于纸质相对较粗糙，因此在使用前需要借助和田玉将纸进行打磨，以使其变得平整。

（三）分类用途

新疆的桑皮纸呈现浅褐色，经过精细工艺处理的桑皮纸则呈现出半透明的特质，非常薄。在清代和民国时期，南疆地区的官府典籍和书册多数使用桑皮纸作为书页，其外观和手感相较内地古籍略显粗糙。桑皮纸不仅被用作普通纸张，古代还广泛用于高级装饰、制作阳伞、制作篓子、做炮引、用于中药的包装和制作扇子等多个领域。

新疆桑皮纸按质量分为四等，一、二等厚而洁白，三、四等薄而软。精制的桑皮纸还是维吾尔族姑娘绣花帽必用的辅料。在绣花帽时，要隔行抽去坯布的经线和纬线，绣花后用桑皮纸搓成的小纸棍插进布坯经纬空格中，这样做出来的花帽挺括有弹性、软硬适度。桑皮纸柔软而坚韧，清代新疆的书册典籍主要用高档桑皮纸印刷，民国时期曾有桑皮纸印制的钞票流通。中等质量的桑皮纸一般用于包装，凡装茶叶、糖果、草药、食物等，只要物件不太大，都可用桑皮纸包装。

粗制的桑皮纸常用于糊天窗或制皮靴的辅料等。

手工制作出来的新疆桑皮纸又分为生纸和熟纸。所谓的生纸是指未经加工的黄色纸张，而熟纸指的是经过处理后变得洁白的纸张。桑皮纸在新疆地区极为常见，广泛应用于民间。由于市场对桑皮纸的需求旺盛，制作桑皮纸成为一些人赖以生存的手艺，因此出现了许多从事桑皮纸制作的专业人士。这门技艺也已经世代相传，子女都会继承父辈的手艺加以发扬。墨玉县普恰克其乡布达村是目前和田地区仅有的保留了传统手工造纸技艺的村庄，村子四周有成片的桑树，被称为桑皮纸之乡（图3-3）。

图3-3　桑皮纸之乡——墨玉县普恰克其乡布达村
来源：《和田日报》

收藏于和田地区博物馆的清代维吾尔文典籍《诺毕提诗选》《维吾尔医药大全》都是用桑皮纸制作的。2018年，在新疆吐鲁番市鄯善县吐峪沟挖掘出土唐玄奘（唐僧）译经《大般若波罗蜜多经》，经分析其纸张主要成分为桑皮纤维，如图3-4所示。

2012年，新疆桑皮纸制作技艺亮相西城区文化中心，百余幅绘制在桑皮纸上的画作汇成"蓝靛金箔—中国画·桑皮纸绘画作品展"。

（四）传承意义

新疆桑皮纸是新疆地区独特的传统工艺，通过传承和保护，可以保留和弘扬

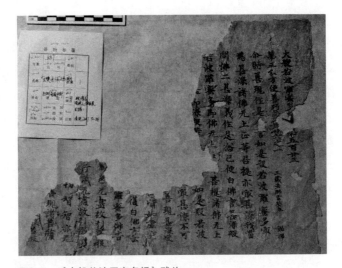

图3-4　《大般若波罗蜜多经》残片
来源：http://silkroads.org.cn/portal.php?mod=view&aid=12437

当地的文化多样性。新疆是一个少数民族聚居的地区，不同民族的文化和传统都
有其独特之处。通过传承新疆桑皮纸技艺，可以展示和传递不同民族的艺术表达
和审美观念，促进文化多样性的保护和发展。新疆桑皮纸制作过程中蕴含着民族
文化的精髓和智慧，传承该技艺可以使更多人了解和认同当地民族的文化特色，
增强文化自信和民族认同感。该工艺承载着古代人们的智慧和创造力，见证了历
史的变迁和社会的发展。通过传承新疆桑皮纸工艺，可以让人们了解和体验传统
制作工艺的魅力，传递历史的记忆和文化的延续。然而，由于市场需求的不足，
许多制作手工桑皮纸的艺人纷纷转行，年轻人大多不愿意继承这门古老的手艺，
新疆桑皮纸制作技艺也亟待保护。

二、安徽潜山、岳西桑皮纸

（一）概述

据《潜山县志》记载，安徽潜山县早在汉代就开始生产桑皮纸，至今已有
1700多年的历史。潜山桑皮纸又称"汉皮纸"。手工制作的潜山桑皮纸分为大
汉、中汉和小汉三种规格，整个制作过程包括选材、蒸煮、选皮、制浆、帘捞、
烘烤等环节。成品纸质柔软、抗拉力强、不易断裂、不褪色，具有防蛀、无毒、

吸水力强的特点，主要用于书画、装裱、典籍修复、包装、制伞等方面。目前，潜山县官庄镇和岳西县毛尖山乡生产的桑皮纸质量上乘，经中国纸张研究所检测，基本达到了清代乾隆时期的工艺水平。在 2004 年至 2005 年的故宫大修期间，潜山县和岳西县手工制作的桑皮纸被广泛应用于修复工程中，成为特选材料。岳西县毛尖山乡农民王柏林是全国少数掌握手工桑皮纸制作技艺的传承人，他造的桑皮纸成为故宫博物院文物保护和故宫大修专用纸。

桑皮纸采用纯手工生产，先剥取桑树皮，晒干，放入水池中浸泡数日，然后手工揉捏让树皮变软，再用石灰水上浆。二次蒸煮、漂洗、去杂质（手工挑拣）。三次漂洗、去杂质、打浆后将纸浆放入纸槽，最后用帘架捞纸。榨水后复合纸张贴上纸焙用明火焙，待纸张干后进行整理修边，用切纸刀切成规定尺寸。100 张纸为一刀，进行简单包装后整套工序就算完成。

（二）制作工艺流程

剥皮：剥皮关系到纸的质量，要在每年惊蛰后清明前采剥、斩头、除尾、要桑树树干中部的皮。

浸泡：将剥好的皮晒干后用水浸泡。

蒸煮：利用蒸球将桑皮扎成一把把的，加热水蒸。

踏皮：又称揉皮，将蒸好的桑皮取出，放在揉皮台上，用脚踏、揉，直到皮壳松动为止。

抖壳：皮壳松动后，将桑皮提起抖动，使壳脱落。

浆漂：将发酵后的石灰，用滤网将石灰渣除掉，把石灰水倒入浆漂池内浆漂。

洗晒：将漂好的桑皮，放进流动清水河内漂洗、晒干。

煮皮：将晒干的桑皮，放进锅内水煮，直到手能将桑皮拉断为止。

洗清：将锅内的桑皮放进洗皮篮内，在流动的水中清洗。

初选：放进选筛内一根根地挑选。

过滤：在流动河水内设有滤皮池，放进滤水池，将桑皮含有的污水排出。

水漂：将桑皮放进水漂池内，要求用流动水并在露天下操作，水过、夜露、日晒等天然变白。

挤压：将变白的桑皮挤压干，抖散。

中选：剔除没有变白的桑皮和杂质。

打皮：用木制皮碓将桑皮纤维打散。

精选：剔除在打皮中产生的杂质和没有打好的桑皮。

袋料：用布袋将打好的桑皮装好，放进河水内袋洗。

耘料：在耘料池内加水，（此水要地下水）搅耘。

入笪下槽：槽内也必须用地下水。

划槽：用根竹竿划散桑皮浆。

抄纸：用竹簾下槽筛抄。（纸的好坏、轻重，全由造纸工匠把握）。

榨干：抄好的纸夹上掩塔板等工具将其压干。

烤晒：将培笼用柴火加热，牵纸烤贴。

三、河北迁安桑皮纸

（一）概述

迁安手抄桑皮纸已列入河北省非物质文化遗产名录，2016年经国家质监局批准成为国家地理标志保护产品。

迁安市位于河北省东北部，自古是我国北方的条桑之乡。该县以条桑皮为原料生产的桑皮纸，在国内外久负盛名。迁安桑皮纸质地优良，品种繁多。有书画纸、新闻纸、办公纸、毛头纸、大力纸（红辛纸）、擦镜纸、伞篷纸、复写纸、打字纸等十余种。迁安市生产的新闻、办公纸色泽洁白无瑕，质地轻薄绵软，印刷写字色泽不变，在同类产品中居于上乘。民用毛头纸厚实，拉力强，不易裂，虫子不蛀，隔风截热，是北方农家必备的糊窗户、裱新屋、糊墙壁纸。迁安书画纸厂生产的书画纸，纸质纯净绵韧，色泽洁白光滑，书写流利，不跑墨，吸水快，保色性强，最适合书、画和装潢裱托，成为国内优质书画纸，被书画艺术家视为珍品。1981年，国内书画家们曾云集迁安，为书画纸试纸鉴定。艺术家一致认为，这种手工书画纸在中国北方独树一帜，它既具备安徽宣纸的特点，又有自己的独特之处，写字、作画均可。中国书画协会常务理事刘炳森当即写了"北迁南宣"的隶书条幅。著名画家吴墨林即兴挥毫泼墨，用此纸画了一幅《墨竹图》，并为画面题诗一首："夜宿迁安玉版乡，桑皮素楮写潇湘。蔡侯若识今和昔，纸贵何须在洛阳。"

（二）制作工艺流程

迁安桑皮纸制作过程分为 5 个环节 19 道工序：

1. 备料

穿皮：用木碓捣桑皮，也可用碾子碾，目的是脱去老皮。

沤皮：将去皮的桑皮浸入富含石灰的水中，放入圆形、直径约为 8 尺（266.7 厘米）的地下砌成的瓮中，经过大约两天的烧沤，其目的是使桑皮变得柔软。

蒸皮：将经过沤制的桑皮放入大锅中蒸煮，以促使其纤维帚化。

化皮：将已经蒸熟的桑皮用碾子进行轧制，或者穿着鞋去"贬"，目的是将残留的皱彻底去除。之后，桑皮会被运到河边，放置在挖好的泉水池，桑皮由黄褐色变白或肉红色。

晒瓢子：将经漂白处理后的桑皮摊晒在户外晾干，并储存在库房中备用。

买纸边：前往印刷厂购买剪碎成块状的未使用原纸边缘余料。

2. 制浆

过棍：先将瓢子放入水浸泡中，然后用磨石将其碾磨，使其变得更加柔软，再用手去除残存在纤维中的白条类。

做饼子：将经过碾磨和去净的桑皮带到河边冲洗，去掉所有杂质，制成一个个带有纤维的薄饼。

砸碓：将皮饼撕成许多小条小块，然后将其放在木槌下，用力砸碎变成较长的纤维片，然后将笔直的纤维片捻合成纸条。

切皮：将纸条摆放在专门的切割设备上，用木板紧紧夹住纸条，然后用刀将其切碎成纸片。

捣料：将切碎的皮料放入石槽中，加入适量的水，并使用木槌不断搅拌，在搅拌的过程中将纸片捣碎，使之成为糊状。

轧边：将浸湿的纸边反复碾轧，直到成为糊状。然后将其放在大的陶罐内，用手不断地擦洗边缘，这个过程称为"擦边"。

打碉：将皮、边的粥状料放置在石碉内的水中，再加上白土子、黏液等，用木杆反复划打使材料彻底帚化。

3. 抄造

抄纸：由抄纸工人用竹帘抄造，下托，然后用力压榨去除水分，此时便形成"纸块"。

4. 烘晒

晒纸：由晒纸工人将纸块放在纸架子上，一张张捣边，用新制的笤帚贴墙上（一是冷墙，一是火墙）。

5. 剁纸

揭纸：将贴晒在墙上已干燥的纸揭下来。

选纸：从一沓沓的纸张中剔除残纸，以保证质量。

铰纸：有些纸为了去毛边，便由工人用剪子剪去毛边，有的是用木锉锉去毛边。

打捆：将剪（锉）好的纸，一刀一刀地垛好，然后用绳子捆紧，以备上市。

（三）迁安手工纸的品种

大纸：书画纸有十余个品种，民国以后出现红辛纸、高丽纸、呈文纸等。

小纸：一九纸、一六纸、一五五纸、烧纸、仿纸等。

这些地方桑皮纸制作工艺的区别和发展源于地域的特点和传统文化的影响。各地工艺在保留传统特色的同时，也不断进行创新和改进，以适应现代需求和市场发展。这些不同的工艺呈现出桑皮纸多样化的风貌，丰富了中国传统纸张文化的内涵。

第四章

临朐桑皮纸制作技艺与传承

第一节 | 临朐与临朐桑皮纸

一、临朐自然社会环境

临朐，古称骈邑，《元和郡县志》记载："东有朐山，因以为名"。西周时期称骈邑，为纪国所辖。春秋时期，齐国灭纪，骈邑改属齐国。战国时临朐地为"齐之朐邑"。秦朝时今临朐境大部属临淄郡，南部属琅琊郡。西汉置临朐县，治今临朐镇，属齐郡。王莽新朝时改为监朐，东汉光武初，复监朐为临朐。南朝宋改临朐县为昌国县，属齐郡。隋开皇六年（586 年）改昌国县为逢山县；大业初复名临朐县，属北海郡。隋末废。唐武德二年（619 年）复置，属青州。宋因之。金属益都府，元属益都路，明、清属青州府。临朐自西汉置县迄今 2000 余年，地处山东半岛中部，潍坊市西南部，沂山北麓，弥河上游，素有"小戏之乡""书画之乡""中国观赏石之乡"等美誉，是首批全国社会文化先进县、国家全域旅游示范区。

临朐自然风光优美，"四面山水一城绿，三季花香四季春。"境内山峰 2000 多座、河流 100 多条，森林率达到 46%。其中，五镇之首东镇沂山，是国家 5A 级景区、"天然氧吧"。全国七十二名泉之一的老龙湾，水温常年 18℃，被誉为"北国江南"。中国五大红叶观赏地之一的石门坊，红冠齐鲁。山旺古生物化石有"万卷书"之称，被中外学者称为"化石宝库"。

二、造纸的适宜资源

（一）充沛的水资源

除了桑皮这一主要原料，影响桑皮纸品质的第二个重要原料就是水。临朐独特的地理环境和优质地表矿泉水是临朐桑皮纸制作不可或缺的条件。纵横交错的河流及老龙湾泉水为造纸提供了关键原料。临朐桑皮纸就取用了老龙湾的泉水作为原料。老龙湾，山东省临朐县历史名胜地、湖，古称"薰冶湖（水）"，是中国七十二名泉之一。老龙湾是由地下泉水涌出地表江流而成，因传说湾内有泉眼直通东海并有神龙潜居其中而得名，其有三大特点："泉多、水清、四季恒温"。水的品质优良与否，对浆和纸的质量有一定影响。要造出优质的桑皮纸，则需要比一般生产用水要求标准要高。水中的杂质含量过高，如悬浮物含量高，除能增加纸张的尘埃外，还会降低纸张的白度和强度。水源经水流地带受污染及水中生长的藻类等腐烂有机物质较多，它使水产生颜色、混浊，甚至发臭，因而用于制浆造纸时，纤维会对有机色素或胶质强烈地吸附。

临朐桑皮纸制作过程中大多取用老龙湾的水。"好水好皮，捞纸不愁"，老龙湾优质的地表矿泉水对捞制优质纸的重要性不言而喻。

老龙湾，位于山东省临朐县城南 12.5 公里的冶源镇冶源村前，海浮山阴。系地下泉水涌出地表汇集而成，水面面积，《临朐县志（1988—2000）》载

图4-1　临朐老龙湾
来源：笔者拍摄

为：8 万平方米。老龙湾的水具有三大特点："泉多、水清、四季恒温"，为适宜造纸的优质水源，如图 4-1 所示。

（二）种桑养蚕

临朐植桑养蚕缫丝，古今称盛。春秋时期，临朐属齐国范围。齐国是当时全国的丝织业中心，齐国生产的"冰纨、绮绣、纯丽"等高档精细丝织品，不仅做到了齐国内"人民多文采布帛鱼盐"，能够充分自给，而且还大量输出，畅销各地，即《史记》《汉书》所称道的齐"冠带衣履天下"。管仲治理齐国时，制定出具体政策，扶持桑麻种植及养蚕业的发展。规定在房宅左右要种植桑麻，支持妇女养蚕、纺织。临朐多河流山地，非常适宜桑树的种植。据《临朐续志》记载："（临朐）种桑之田十亩而七，养蚕之家十室而九，故桑蚕业之盛为山东省诸县之冠。"《山东省各县劝业所民国十一年度成绩报告》中记载："临朐县内桑面积占全县百分之十六，除旧有鲁桑百余万棵，今年又植五万余棵，共出茧四百万斤。"

马益著（1722—1807），字锡明，号梅溪，山东临朐县胡梅涧人，为《庄农日用杂字》描述了临朐人民种桑养蚕缫丝的生动场景："带着打桑斧，梯杌扛在肩，梢桑把蚕喂，省把工夫耽，枝子具绳捆，叶子钐刀删，蚕盛多打箔，书席须要宽，老眠要做茧，簇了用密苫，盐须早驮下，入瓮把茧淹"（图4-2）。临朐兴盛的桑蚕业为生产桑皮纸提供了丰富的桑皮资源。

图4-2　古代临朐桑叶养蚕的场景
来源：2023年笔者拍摄于临朐县博物馆

随着东桑西移与北桑南移，临朐桑树种植已不复往日辉煌，但在乡村房前屋后，仍能见到很多桑树，品种主要以鲁桑和湖桑为主。这几年，随着乡村旅游兴起，临朐人民因地制宜种植果桑，主要为出产食用桑葚果。临朐县五井镇腰庄村桑树壁画如图4-3所示。

图4-3　临朐县五井镇腰庄村桑树壁画

三、深厚的文化底蕴

水是临朐的灵韵，文化是临朐的根脉。临朐文脉昌盛，风光秀美，书画底蕴深厚，"家家闻丝竹、户户弄丹青"，书画名家辈出。据史料记载，仅清代就有陈荣、张兰泽、李作绅等近百位书画家。深厚的书画根基铸就了临朐"书画之乡""中国现代民间绘画之乡""中国民间文化艺术之乡""中国书法之乡"等众多美名，这些明晃晃的金字招牌，无不昭示着临朐得天独厚的书画优势。在这片文化沃土之上，能书会画、出口成章的能人巧匠和艺术大家比比皆是，全县现有中国书协、美协、作协会员 40 多名，省级民间工艺美术大师 13 人，市级以上文艺协会会员 200 多人，各类文化骨干 6000 多人。在文化产业方面，近年来，临朐县形成布局结构合理、主业突出、特色鲜明、创新力和竞争力强劲的文化产业发展格局，已成为推动临朐发展繁荣的重要组成部分。

既有灵气所钟的山水资源，又有源远流长的文化底蕴。手工桑皮纸这一古老的技艺才能在临朐得以保留和发展。

四、临朐非遗保护政策

（一）临朐县非遗项目基本情况

临朐文化底蕴深厚，非物质文化遗产丰硕，近年来，临朐县委、县政府高度重视非物质文化遗产保护工作，坚持"保护为主、抢救第一、合理利用、传承发展"的方针，启动实施非物质文化遗产项目及传承人普查与档案数据库建设工程，制定出台《关于鼓励文化文物单位文化创意产品开发的实施意见》，积极推进非物质文化遗产的保护、传承、利用、创新和发展。为此，县文化馆充分发挥职能作用，组织专业人员深入乡村、社区、企业，对全县列入名录的所有非物质文化遗产项目进行全面系统的普查记录；在此基础上，按照民间文学、传统技艺、传统医药等类别逐项建立档案，内容包括非物质文化遗产项目名称、基本信息、分布区域、传承谱系、主要价值、生存现状、保护责任单位、保护计划与措施等。临朐县对整理形成的档案进行数字化处理，建立档案数据库，确保非物质文化遗产档案齐全完整、真实可靠、系统规范、安全保管和有效利用。

现拥有国家级非遗项目——东镇沂山祭仪 1 项，省级非遗项目手绘年画、周姑戏、红丝砚制作技艺、桑皮纸制作技艺、洼子跑麒麟等 9 项，红木雕刻技艺、庄农日用杂字、渔鼓书、黑陶瓦盆制作技艺等市级非遗项目 31 项，县级非遗项目 200 余项，以上代表性非遗传承人 47 人。

（二）临朐县非遗保护措施

1. 挖掘非遗资源

通过建立健全非物质文化遗产档案，深入挖掘利用非物质文化遗产资源，临朐县坚持传承与创新并重、展销与体验相融，打造"非遗＋展会""非遗＋旅游""非遗＋文创""非遗＋乡村振兴"模式，让非遗技艺融入现代生活，焕发出新的生机活力，用非物质文化遗产"小档案"，搭建起服务乡村振兴的"大舞台"。据悉，国家级非遗项目东镇沂山祭仪表演，已成为国家 5A 级景区沂山文化游中的标志性节目；新创作的省级非遗项目周姑戏剧目《淌水崖》，受邀走进中央电视台戏曲频道《最佳拍档》节目。

2. 打造非遗品牌

临朐尊重乡村、农民的文化需求与文化创造，坚持创意策划、市场导向、合理布局、突出重点，借助群众文化品牌活动，推动非遗文化资源向加强创意转化、服务百姓生活方面转化。出台《关于推动文化文物单位文化创意产品开发的实施意见》，从深入挖掘利用非遗资源、提升文化创意产品开发水平、塑造非遗文化创意特色品牌、健全非遗文化创意产品营销体系等方面引导开发具有地域特色、文化品位的非遗文化创意产品，推动非遗社会化、市场化、生活化。与此同时，以活动驱动非遗融入生活，以大赛激发主动创意热情。在群众文化艺术节活动、文明之夏系列文化活动等普惠型乡村惠民文化活动中加入非遗节目，让老百姓认识非遗、热爱非遗、传播非遗。对周姑戏进行现代改编，将融入现代元素的手绘年画、舞龙、舞狮、洼子跑麒麟等非遗项目搬上舞台，让手绘年画、剪纸等非遗作品入村上墙，人们目之所及生活周边，全是看得见的现代非遗文化元素。

3. 举办非遗展览会

为进一步营造良好的文化创意氛围，临朐举办主题为"精彩创意·魅力临朐"传统工艺暨非遗博览会暨传统工艺创意设计大赛，博览会共设立传统民俗项目表演展区、传统艺术项目表演展区、传统工艺创意设计大赛精品展区、文化产业精品展区、文化创意展区、书画收藏展区、特色旅游展区、传统工艺展区 8 个展区，主会场设在中国奇石城，在"骈邑古韵"非遗聚集区等地设立 8 处分会场。同时，在县城文化广场、健康公园及镇（街、园、区）、村（社区）和学校举办相关文化展示展演活动。传统工艺创意设计大赛，广泛征集非遗文创作品。博览会从 4 月一直持续到 10 月底，36 个门类 1100 余件非遗文创作品和 92 个门类 3800 余件文化展品，让观众充分领略了传统文化和现代创意融合的魅力。

第二节 | 临朐桑皮纸的发展脉络

一、溯源

关于临朐桑皮纸的起源，部分学者认为源自东汉，如山东省的纸史研究者郭兴鲁曾查阅有关史志并赴左伯家乡实地调查，认为左伯纸是山东手工纸的源头。也有部分本地学者认为起源于宋代，但由于缺少文献记载和文物佐证，已难以进行考究。不同观点主要基于当时关于造纸的文献和临朐的社会经济发展来推断。

当时桑皮纸俯拾即是，《文房四谱》还有记载："江浙间多以嫩竹为纸，北方以桑皮为纸"。作为桑皮纸制作主要原料来源的桑树，在秦汉时期便有种植。"齐带山海，膏壤千里，宜桑麻，人民多文彩布帛鱼盐"（《史记·货殖列传》）一语是对秦汉时期山东齐地生态地理环境、经济状况和社会精神风貌的最佳反映。"文彩"是指华美的丝织品，《汉书·货殖传》中说，通邑、大都一年约需"帛絮细布千钧，文采千匹"，颜师古注曰："文，文缯也。帛之有色者曰采。"可见，当时齐地大多数人所穿的都是带有色彩、花纹的服饰，当时人们所着衣料主要是帛与麻，帛是丝织品的总称。这说明，当时山东不仅适宜种植桑麻，而且丝织品生产规模大，技术精湛，以至于人民多"文彩布帛"，呈现出一派欣欣向荣的社会气象。秦汉时期，山东桑麻的种植相当普遍。在历史上，桑皮纸主要产于北方地区。自齐国开始，域内大兴种桑养蚕之风，缺少优质耕地而遍布河流山地的临朐自然成为蚕丝重要生产地。

北宋苏易简《文房四谱》记载："雷孔璋曾孙穆之，犹有张华与祖书，所书乃桑根纸也。"说的是雷孔璋曾孙穆之，手中保存着《博物志》作者张华写给曾祖的一封信，信纸为桑根纸。据王菊花等学者撰写的《中国古代造纸工程技术史》研究认为，"桑根纸"即为桑皮纸。张华为西晋博物学家（232—300 年），居官北方，魏晋以来，桑皮已开始大量应用于造纸。自春秋时期便是桑蚕基地的临朐将桑皮作为造纸的原料便顺理成章了。

笔者认为，临朐桑皮纸的出现要更早，可以追溯到东汉时期。山东临朐桑蚕业历史悠久，春秋战国时期，齐国（临朐属齐）已成为桑蚕生产发达的地区之一。汉代"皎洁如霜雪"的"齐纨"经丝绸之路销往西域各地。"齐纨鲁缟车班班，男耕女桑不相失"（杜甫诗句），反映了临朐一带桑蚕生产的盛况。而当时"齐鲁桑麻千亩"，造纸原料丰富，左伯为东莱（今莱州市）人，是在山东造纸，西周地图标注当时临朐和莱州相邻，西汉高祖四年（公元前203年），在今莱州市境置掖、当利、阳乐、阳石、临朐、曲成六县，均隶青州东莱郡，郡治掖县城。王莽新政时，改掖为掖通，当利为东莱亭，阳乐为延乐，阳石为识命，临朐为监朐，曲成县未变，仍隶青州东莱郡。东汉时期，光武帝建武二年（26年），复西汉时县名。撤销临朐、阳乐、阳石三县并入掖，撤利卢（莽改平度为利卢）并入当利，又改掖，当利为侯国，曲成未变，均隶青州东莱郡。

左伯造纸所在东莱与临朐同属青州东莱郡，东汉时造纸原料应就地取材，"左伯纸"质地细密，色泽鲜明，就是由于在麻料里面加入了桑皮，因此山东临朐手工纸即是左伯纸也顺理成章。

二、发展

据临朐县纸坊村《纸坊村志》载："明洪武六年（1373年），刘氏在此立村，后有白氏、魏氏等迁入，因百分之八十的农户以手工捞纸为业，纸坊村因此得名。"（图4-4）。明代，龙泉河上游的殷家河、纸坊、小衣家庄子、柳家圈、徐

图4-4 临朐县纸坊村
来源：笔者拍摄

家圈、宋姜庄、河崖等村捞制桑皮纸者甚多，其中以纸坊最盛。满山遍野的桑树，为桑皮纸捞制业提供了丰富的原材料；纸坊以西五公里处的青石山中，泉水常年喷涌，形成蜿蜒曲折、清澈见底、水质凉滑的龙泉河，为之提供了理想的水源。

临朐的造纸业在明代得到快速发展，明代造纸技术有以下几个发展特点：

一是，明代推行的振兴农、工、商政策极大促进了造纸业的发展。通过废除元代"工奴"制度，极大增强了手工业劳动者的工作积极性，当时官办和民办的手工纸坊都得以快速发展壮大。商业贸易繁荣，而纸作为当时重要的手工业产品，销往全国，在郑和七次下西洋的 30 年间，中国的手工纸成为出口的主要货物之一。

二是，手工纸需求快速增加。明朝印刷业进一步发展，尤其是出现了铜活字印刷和彩色套印技术，开始大量印制书籍和图画，印刷品质量的优劣，依赖于当时的造纸业提供的纸张质量。

三是，手工造纸技术集大成时期。明人文震亨《长物志》卷七论明代各地纸时也说："国朝连七、观音、奏本、榜纸俱佳，惟大内用细密洒金五色粉笺坚厚如板，而砑光如白玉。有印金花五色笺，有青纸如缎素，俱可宝。近吴中洒金笺、松江潭笺俱不耐久，泾县（今安徽）连四〔纸〕最佳。"方以智（1611—1671）《物理小识》卷八亦称："永乐于江西造连七纸，奏本〔纸〕出铅山，榜纸出浙之常山、庐（州）之英山。宣德五年（1430 年）造素馨纸，印有洒金笺、五色粉笺、磁青蜡笺。"

随着时间的推移，临朐造纸业逐渐发展壮大。临朐造纸业逐渐形成规模化的生产模式，并开始向周边地区扩展。同时，临朐县的纸张质量和工艺水平也逐渐提高，成为当时中国造纸业的重要基地之一。至清朝，纸坊一带的桑皮纸已远近闻名，造纸户发展到三百多户，农户每至春秋农闲时节，不分男女老幼全家操作，通宵达旦赶制桑皮纸。随着制纸质量的提高，行销日盛，至光绪年间，这一带"漂桑皮为纸仰食者"千余家。

三、鼎盛

随着制纸质量的提高，行销日盛。据《临朐续志》记载："（临朐）种桑之田十亩而七,养蚕之家十室而九,故桑蚕业之盛为山东省诸县之冠。"《山东省各县劝业所民国十一年度成绩报告》中记载:"临朐县内桑面积占全县百分之十六,除旧有鲁桑百余万棵,今年又植五万余棵,共出茧四百万斤。"至光绪年间达到鼎盛时期,造纸户号称千家。进入民国年间,纸坊桑皮纸捞制业有盛无衰,据1934年统计有造纸户520余家,年产量500万刀(每刀100张),产值20万元(银圆)以上,占全县手工业总产值的25%。据《临朐县志》记载,县内有顺口溜道:"弥南的闺女卷鞭皮,嵩山的闺女刮柿皮,纸坊的闺女砸桑皮。"又道:"纸坊的烟筒一冒烟,外村的闺女都靠边。"可见当时纸坊捞纸业发达。在这个时期,临朐县的造纸业得到了进一步的发展和繁荣。临朐造纸业以其优质的纸张闻名于世,成为当时中国造纸业的重要基地之一。临朐造纸工艺在纸张质量、生产技术和经营管理等方面达到了高峰。

纸坊桑皮纸是鲁中山区的名优土特产品之一。其规格通常有两种,一是娄纸,专供糊娄用,纸幅长30多厘米,宽20多厘米,每捆100刀。酒娄、油娄、酱菜娄等用桑皮纸裱糊后,涂以猪血、狗血和石灰配制的涂料干后光亮坚固不透气、不渗漏。娄纸的销量占纸坊桑皮纸的近80%。二是八方子,纸幅边长44厘米(8寸),每捆50刀。

清代至民国时期形成的地方官府典籍书册、地契、纸钞,基本上以桑皮纸制作。

四、衰落

抗日战争期间,日军侵占临朐后,插木寨、修碉堡、烧木炭,使大批桑树被毁,桑皮资源遭到严重破坏,临朐县多山地丘陵,土质和抗旱能力较差。1941年7月上旬,天气酷热无雨,玉米、高粱、谷子等秋作物减产。同年秋,旱情持续发展,直至1942年夏,夏收减产。1942年秋,又遇早冻,秋作物减产,临朐县农民连续几年普遍缺粮。侵华日军的残酷暴行也致使纸坊桑皮纸生产几乎绝迹。

新中国成立后,随着经济的全面恢复和发展,1953年3月分别在纸坊、柳家圈和宋姜庄三村成立纸业组,造纸户迅速发展到近300户。1955年纸业组改为纸业社,次年又将三处纸业社合并成立临朐县纸坊土纸社(桑皮纸在明清时期称"老纸","洋纸"进口后,桑皮纸又称为"土纸")。1958 年 8 月在纸坊土纸社的基础上成立了临朐县造纸厂,但到 1961 年前仍是手工生产桑皮纸。临朐县造纸厂于 1961 年迁县城改产机制纸后,纸坊手工桑皮纸仍在纸坊一带零星生产,并仍然成为当地的主要副业收入。随着造纸业的发展和社会需求的变化,进入 20 世纪 90 年代以后,纸坊手工桑皮纸一度难觅踪迹。而今纸坊属于临朐县城关街道,位居县城西南方向六公里处。大面积的桑树已难以寻觅,村民主要从事养殖业和樱桃种植,昔日的桑蚕养殖日渐清冷。村里的年轻人外出打工,桑皮纸制作工艺日渐失传。

第三节 | 临朐桑皮纸"车帮"

临朐造纸业繁荣的一个佐证,便是自清朝末年出现的专门从事桑皮纸销售的人力"车帮"。自清朝末年一直到中华人民共和国成立后的一段时期,以纸坊村为代表的临朐的纸张生产和销售行业发生了重大变化,由于临朐多山地丘陵,粮食产量不多,于是大量的桑皮纸手工业者,推车开始往北方运送纸张,形成一个被称为"车帮"的群体。车帮出现后,临朐县的造纸工人便开始推着木制小推车,上面装满桑皮纸,踏上了漫长的旅途。他们穿越山川河流,跋涉千里,徒步走向济南、鲁西,甚至一直到达天津和东北地区。他们走过茂密的森林,越过陡峭的山脉,经历艰苦的天气和道路条件。他们与各地的商贩、粮商进行交易,用自己制作的纸张换取生活所需的粮食、布匹、器具等物品。

一、"车帮"的出现

清朝末年,中国经历了一场巨大的社会变革,经济形势发生了深刻的变化,临朐桑皮纸行业也受到巨大冲击。

1840 年鸦片战争爆发后,中国开始沦为半殖民地半封建社会,西方列强的入侵对中国传统手工造纸业带来巨大冲击,进口机制纸充斥中国市场,机械化造纸开始广泛应用和普及,原材料多为更为精细的木材和非木材等,所产纸张更加细腻,使传统手工造纸业开始出现衰落。这给临朐从事造纸的手工业者的生产和生活带来了巨大影响。清朝末年，各地频繁爆发农民起义，导致经济遭受了严重的破坏。战争使得交通线路中断，商业活动受到阻碍，市场需求减少，手工业者的产品销售遭遇困难。同时，战争还导致了人员流动和人口减少，工人短缺，给手工业的生产带来了严重的问题。

其次，清朝政府对手工业者的经济政策限制和苛捐杂税使他们的贫困问题更加严重。政府对手工业征收重税，同时限制手工业者的生产和销售自由。苛捐杂税使得手工业者的纳税负担沉重，很难获得合理的利润。此外，政府还采取了一系列专卖制度和垄断经营，使手工业者面临更多的经营难题和竞争压力。虽是描写迁安桑皮纸制作，但是反映了当时从事桑皮纸制作的手工业者工作辛苦而获利不多。

这些不利因素导致了临朐造纸业手工业者的生活困境。他们的收入微薄，往往无法满足基本的生活需求。他们的工作环境恶劣，长时间的劳动使他们身体疲惫不堪。而由于经济困难，他们无法得到充分的医疗保障和教育机会，导致整个家庭的发展受到了限制。许多手工业者不得不四处奔波，寻找更好的机会，然而往往只能在贫困和艰辛中挣扎。

这种现象反映出当时中国的经济、社会和文化状况，也为人们了解当时的历史提供了重要的参考。

在这种情况下，临朐手工造纸工匠开始寻找新的销售渠道，他们发现乡村的市场对纸张有着巨大的需求，于是便组织起了一支由推车运送纸张的队伍，主要使用当地木制推车运输纸张，如图4-5所示，这就是被称为"车帮"的群体。他

图4-5　临朐村庄用于运货的小推车

们在纸坊村附近集结，装载纸张，沿着黄河北上，最终抵达北方的各大城镇。这些车帮的队伍规模庞大，有时甚至达到上百人，形成一条独特的商业贸易路线。

二、"车帮"的经济作用

"车帮"首先解决了临朐桑皮纸的销售难题。作为当时重要的手工纸产区，临朐桑皮纸的销售在清朝末年下滑严重。一是由于洋货洋纸涌入，进口机制纸充斥市场，手工纸作坊槽户和商家濒临破产倒闭的威胁；二是由于连年战乱，以往的纸张运输路线不畅。而"车帮"通过将纸张直接运往北方市场，打破了当时的垄断局面，降低了纸张的价格，促进了当地经济的发展。

随着社会经济、技术和文教的发展，纸的用途在不断扩大，清代，各类纸制品琳琅满目，其用途遍及社会经济和家居生活的方方面面。临朐桑皮纸在民间用途广泛，除了传统的字画书写用纸外，还可用于糊窗户、制作地契、房契、轧制纸灯、制作鞭炮等，几乎成为居家生活必需品。"车帮"将临朐桑皮纸作坊中生产出来的规格、等级各样的桑皮纸，沿途叫卖，用现在商品流通的观点看，抛去了"中间商"，降低了纸张价格，更利于销售。

同时，"车帮"还为当地居民提供了就业机会。临朐地界多丘陵山地，不适宜粮食种植，许多人加入"车帮"中，从事纸张运输和销售。"车帮"为临朐县的造纸工人提供了一种改善生活的途径。用桑皮纸交换生活用品和粮食，他们得以满足基本生活需求，缓解了生活困境。

三、"车帮"的社会影响

"车帮"对当时的社会和文化状况也产生了深远的影响。车帮活动的意义不仅在于造纸工人通过交易换取生活所需，更重要的是，它促进了地区经济的发展和文化的传承。首先，通过与各地商贩的交流和贸易，临朐县的造纸工人拓宽了销售渠道，扩大了市场范围，推动了临朐县造纸业的发展。其次，车帮活动使临朐县的造纸技艺和文化得以传承和推广。造纸工人将自己制作的纸张带到外地进行交易，同时也将临朐县的造纸技艺和文化传播到其他地区，丰富了非物质文化遗产的内涵。这对于保护和传承临朐县的造纸技艺，弘扬地方文化具有重要意义。

车帮活动的背后也反映了那个时代手工业者的生活困境和创造力。由于手工业者的生活困苦，临朐县的造纸工人勇敢地寻找新的生存出路，通过自己的努力和智慧，开拓了新的商业模式，实现了从生存到生活的转变。

车帮活动的历史价值不仅在于为后世提供了一个生动的历史案例，反映了清朝末年手工业者的生存现状和创造力，更重要的是，它提醒我们珍惜和传承传统手工业，保护和传承非物质文化遗产。通过回顾车帮活动的背景、具体场景，可以更好地了解中国古代手工业的发展历程，感受手工艺人的智慧和辛勤劳动，进一步认识到传统文化的珍贵和重要性，为当代文化保护和传承提供有益的借鉴。

然而，"车帮"在发展过程中也遇到了不少的挑战和问题。首先，由于运输和交通的不便，车帮的运输成本较高，利润空间有限。其次，当时的社会政治环境并不稳定，车帮的行动也经常受到各种不良因素的干扰和威胁。中华人民共和国成立之后，随着临朐造纸业的衰落，昔日"车帮"早已不在，却是临朐桑皮纸历史上浓墨重彩的一页。

第四节 | 临朐桑皮纸制作工艺及其独特性

临朐桑皮纸作为一种历史悠久的传统手工纸，产于中国山东省的临朐县，以其细腻、柔软、富有弹性和高质量的特点闻名于世。它是以桑树的树皮为原料，采用传统的手工工艺制成，具有独特的加工特点。下面将对临朐桑皮纸工艺的加工特点进行介绍。

一、临朐桑皮纸的制作工艺

（一）选材

临朐桑皮纸主要以青石山区的鲁桑（图 4-6）、湖桑 32 号的嫩皮为原料，其树皮质地柔软、细腻，因此能够制成非常细腻的纸张。

桑皮的皮层构造可分为表皮层、青皮层和纤维层（韧皮层）三部分，据以前浙江益民皮纸厂的分析，浙江桑皮三层成分为：表皮层 16.4%、青皮层 20.5%、纤维层 58.3%，另外节疤 4.8%。山东桑皮的表皮层 35.7%，青皮层为糊状粉，纤维层占 64.2%，节疤很少。从纤维层的数量看，山东桑皮比浙江桑皮好，即山东桑皮的制浆得率高。

鲁桑为桑树的一种，属桑科桑属，为落叶乔木。枝条粗长，叶卵圆形，无缺刻，肉厚而富光泽。原产山东，为我国蚕区的主要栽培桑种。北魏贾思勰的《齐民要术·种桑柘》中记载："谚曰：'鲁桑百，丰锦帛。'言其桑好，功省用多。"

图4-6 鲁桑嫩枝

湖桑 32 号，如图 4-7 所示，别名尖头荷叶白，属于鲁桑的变种，原产浙江省海宁市，在临朐县多有栽培，发芽迟，成熟、硬化也迟，是晚生桑，发条数多，生长势旺，产叶量高，具有适应性广、抗病强的特点。

图4-7 湖桑32号

在选材上，工艺师会选择品种优良、生长良好的桑树，挑选皮质韧性好、厚度均匀的桑树树皮作为原料。作为桑皮纸主要原材料的桑树皮，在农村很充足，养蚕人在每年采完桑叶后要对桑树进行剪枝，保证来年发出新芽，这些被剪下来的桑树枝经选择可做桑皮纸加工的原料。

选好的桑树枝可以直接进行手工扒皮，也可将桑树枝经过木槌反复敲打，桑皮和桑枝骨干脱离，将其从桑枝上剥离下来，如图 4-8 所示，剥离下来的桑树皮经过晾晒便可用于下一制作步骤。

（二）桑皮纸制作工序

1. 泡皮

晒干的桑皮使用前要进行泡皮。将干桑皮捆成捆放入河水或湾水中浸泡半月左右，使其泡透，如图4-9所示。浸泡池容量约5立方米，长3米，宽2米，深0.8米，这样大小的池子一次可以浸泡250千克左右的干桑皮，浸泡时一边往池内添加桑皮一边放水，成捆桑皮尽可能抖散，使其尽可能充分浸湿，浸泡池内大约浸泡10个小时。

图4-8 剥离下来的桑皮
来源：临朐县桑皮纸技艺传习所提供

图4-9 泡皮
来源：临朐县桑皮纸技艺传习所提供

泡好的桑皮放入盛有熟石灰水的池中继续浸泡。伏天需要3个月以上，秋天要过冬到来年方可。为了加快生产进程，可将使过碱的桑皮放入特制的蒸皮锅内蒸，一般蒸3~10小时即可，大幅缩短其生产周期。

2. 蒸皮

制浆是制作桑皮纸的，关乎纸张质量的优劣。在制浆过程中，首先要将桑皮煮熟，使其变得柔软，这个过程称为"蒸皮"。用大锅，筑好锅台，将四周用木板或砖块砌起来，上面放上篦子，把桑皮分层垛起来，置于篦上，顶端用土封住。一般蒸 3 小时左右即可蒸好。

3. 盘皮

把蒸好的皮一小部分一部分地分批放在干净的地上，工艺师双手扶特制的横杆，双脚踩踏地上的桑皮，直至把外皮去掉为止。

4. 化瓤子（洗皮）

把晒好的桑皮重新泡软，把瓤子放入特制化瓤筐内，然后将其放在水库或湾中，将瓤子摊匀浸泡分解，并冲去杂质。

5. 卡对子

用木制长柄槌式工具，两人操作，一人在一端蹬，另一人在槌头下不住地翻动化好的瓤子，将瓤子卡成圆饼形，然后再卡叠成窄而长的"皮单"，如图 4-10 所示。

6. 切瓤子

将皮单置于切瓤床（切瓤床和平衡木差不多，只是比平衡木宽）上，用切瓤刀（切瓤刀长 1 米，宽约 0.2 米，两端有把）将其切成片，如图 4-11 所示。

图4-10　卡对子
来源：临朐县桑皮纸技艺传习所提供

图4-11　切瓤子
来源：临朐县桑皮纸技艺传习所提供

7. 撞瓤子

把切好的瓤子装入特制的撞瓤布袋内，并插入一长约 1.5 米的木棍，棍端安一直径约 15 厘米，厚 3 厘米，中间厚两边薄的圆木，将布袋口扎住后放在水库中抽动木棍，反复撞击，促使纤维分解，如图 4-12 所示。

8. 打瓢子

将撞好的瓢子放在捞纸池内，用木棍来回拨打数百次以上，把瓢子打匀，成糊状。

9. 捞纸

这是桑皮纸工艺中最关键的一步，根据不同规格的纸张，选用不同规格的竹帘从捞纸池内捞制桑皮纸。如图 4-13 所示，将浆液浸泡在专门的成型池中，然后将一张薄薄的竹板放在浆液上，轻轻压实，使浆液均匀地分布在竹板上。接着，将竹板慢慢地提起来，让多余的水分流出来，使浆液在竹板上形成一张薄薄的纸张。这个过程需要非常熟练的手艺和技巧，每一张纸的质量和厚度都需要工艺师精心控制。

图4-12 撞瓢子
来源：临朐县桑皮纸技艺传习所提供

图4-13 捞纸
来源：临朐县桑皮纸技艺传习所提供

10. 榨干

把捞好的湿纸，经过自制的杠杆，压榨除去水分，一般压榨 12 个小时左右即可。

11. 扫纸

把捞出的湿桑皮纸用笤帚扫在平整光滑的墙壁上，使其水分迅速蒸发干燥，如图 4-14 所示。

12. 理纸

此后便是揭纸、检验、整数、打捆等工序，如图 4-15 所示。

图4-14 扫纸
来源：临朐县桑皮纸技艺传习所提供

图4-15 理纸
来源：临朐县桑皮纸技艺传习所提供

二、临朐桑皮纸制作工艺的独特性

（一）寿

桑皮纸中的桑皮纤维不仅细长，而且极不容易炭化，桑皮纤维独有的特性，使纸保存时间长久，真正的"寿纸千年"是唐朝宰相韩滉（723—787）作的《五牛图》（图4-16），藏于故宫博物院，它就是用桑皮纸创作的，验证了1300多年的历史。

图4-16 唐代韩滉《五牛图》（现藏于故宫博物院）

临朐皮纸很多特性是现代书画纸所不具备的。现代书画纸掺入大量的草浆，草浆纤维的存世寿命没法和韧皮纤维比，虽然加入草浆后显示出它优良的包墨和韵墨效果，但也大幅降低了它的寿命，所以存世的明清以前的作品，几乎都是用皮浆纸创作的。

另外，现代研究表明：传统纸张的寿命之所以长，是因为传统工艺在造纸浆时，没有使用强碱和漂白粉现代工业造纸过程中使用的化学漂白使纸张呈酸性，极易早衰，而机械打浆对纤维的损伤更大，化学漂白和机械制浆可能会使"千年纸"只能健康存活几十年，润墨性也差了许多。中科院院士、高分子材料科学家杨玉良说过："如果用强碱做纸，纸张 1000 年的寿命将降至 200 年，如果再加漂白粉，寿命又将去掉一半，这就是现代纸寿命短的原因。"

（二）韧

纯韧皮及桑皮纤维制作，纸质柔韧，百搓千揉，万折而不损。在 2015 年英国剑桥大学通过电子图书馆展示其藏品时，有一张由桑树皮纸制成的 1380 年发行

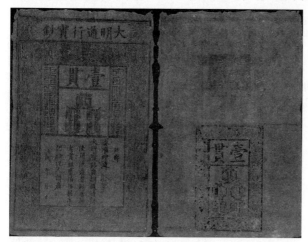

的中国明朝纸币"大明通行宝钞"就是有力的证明（图 4-17）。再一个就是它的韧性、拉力、耐折度是普通书画纸没法比的，一些画家在创作时需要反复搓墨，来实现其作品的表现力，桑皮纸优良的韧性是实现这种技法的保障。

用皮纸来创作书画时，首先要了解它的特

图4-17 明朝桑皮纸制作的纸币
来源：雅昌艺术网拍卖auction.artron.net/paimai-art0034671163

性，摸清它的脾气。因为纸是有生命力的，每种纸都有自己的语言，在创作时需要读懂它，通过用墨和笔与它对话，作者的心灵与它的撞击跃然纸上。韵墨上桑皮纸介于生宣和熟宣之间，有的画家喜欢洒水后创作，它粗犷的走墨特性会起到意想不到的效果，用桑皮纸创作，它的仿古效果，绵中带刚以及厚重的历史沧桑感和自身的魅力，深受许多书画家的关注。总之，很多临朐桑皮纸的特性需要有心的书画家去发掘和运用。

（三）古

临朐桑皮纸技艺师承东汉末年左伯纸系，经过几千年的历史沉淀，使临朐桑皮纸具有古朴典雅、苍劲老辣的墨韵特性、厚重的历史语言与沧桑感。

临朐桑皮纸不但适合写字、绘画，因其古朴大方，具有其他纸品不可比拟的优点，也适合用于家谱、古旧善本、古旧书籍、书画修复、写经用纸、古代文献

修复等。

（四）繁

临朐桑皮纸制作周期长，有72道工艺，纯手工制作。临朐左伯纸的生产由于手工制作烦琐，周期长，原材料短缺，人工费上涨等原因，导致产量不高，中高档的优良桑皮纸更是稀少。一些书画展，名家书画作品集中常能看到皮纸的身影，广受书画家的青睐。左伯纸因其保存时间长久，一些有战略眼光的书画家、收藏家瞄准了创作高仿古书画作品对皮纸的需求量越来越大。价值有被内行高评的机遇。有投资者正在默默收藏优质的桑皮纸。临朐左伯纸存放时间越长其绵软度会进一步提高，一些特性更加显著，纸质更加优良。

三、临朐桑皮纸的规格及用途

（一）传统的临朐桑皮纸的规格

一是八方子，纸面8寸（合44厘米）见方，每捆50刀，品种有六七种之多。主要用来铺垫蚕席、包装中药、糊窗户、糊墙壁、糊天棚、扎风筝、书写民间文书档案等。明清、民国时代，在鲁中山区，买卖契约、分家文书等民间文书档案绝大多数是用桑皮纸作为载体的，尤其是土地买卖契约，如图4-18、图4-19所示。现在临朐桑皮纸制作技艺传承传习所收藏的地契，有嘉庆九年、咸丰五年、光绪十七年、民国二十五年四件。桑皮纸纤维长，拉力大，柔软耐磨、耐折叠、防虫蛀、易保存，且价格低廉，在鲁中山区举手可得，因而成为这一地区民间文书档案的常用载体。

临朐桑皮纸在解放战争时期为新闻事业也做出过贡献。《大众日报》社驻

图4-18 清咸丰年间桑皮纸地契（现藏于临朐桑皮纸博物馆）

图4-19 民国年间桑皮纸纸契（现藏于临朐桑皮纸博物馆）

山东临沂、临朐时，因战时困难，也曾使用过精制桑皮纸印刷报纸。1946 年，临朐纸坊乡徐家圈捞纸工尹继礼、尹继孔兄弟二人就曾给《大众日报》社捞制过精制桑皮纸，他们按报社的要求用大竹帘捞制 60 厘米宽、80 厘米长的精制桑皮纸 120 万张。

二是篓纸，专供糊篓用，纸面长 30 多厘米，宽 20 多厘米，每捆 100 刀。桑皮纸以其独特的坚韧特性，已不仅用于书画，用桑皮纸糊制的酒篓、油篓、咸菜篓、虾酱篓等，不透气，不渗漏，篓

图4-20　桑皮纸糊的酒篓（现藏于山东经贸职业学院临朐桑皮纸大师工作室）

面光亮，坚固耐用，使用寿命达 20 年以上，如图 4-20 所示。在过去，临朐桑皮纸中篓纸的销量一度占到 80%。

（二）临朐桑皮纸的主要用途

1.扎制纸鸢用纸

中国是纸鸢的发源地，人类发明飞机最初也受启发于纸鸢。山东潍坊是国际风筝都，有 1000 多年的制作历史，与古代临朐桑皮纸有不可剥离的历史渊源，如图 4-21 所示。

图4-21　桑皮纸风筝作品——金陵十二钗（现藏于临朐桑皮纸博物馆）

南朝时，有人曾借助风筝传递信息，进行军事联络。《南史·侯景传》记载："既而中外断绝，有羊车儿献计，作纸鸦，系以长绳，藏敕于中。简文（帝）出太极殿前，因北风而放（纸鸦），冀得书达。"《资治通鉴·梁纪》也有类似记载。"纸鸦"即为"纸鸢"（风筝）。

五代吴越罗隐《寒食日早出城东》中有诗句："不得高飞便，回头望纸鸢。"

至宋代记载纸鸢（风筝）的诗文渐多。说明民间已颇为流行。如寇准、王令均有《纸鸢》诗，唐代李石《续博物志》还说春天放纸鸢有益儿童健康。陆游晚年在山阴养老，有《村居书事》诗句："垂老始知安乐法，纸鸢竹马伴儿嬉。"元代李孝光《次萨郎中韵》诗句："楼上吴姬唱《竹枝》，东风正急纸鸢飞。"

古时候长城内外军事往来的重要书信、文件因其投送条件恶劣，或被汗水浸渍，或被雨水打湿而影响联络。就用左伯皮纸，因其柔韧性大，见水不破，不易损坏，而广泛用于重要书信往来，以及古籍善本、地契文书等。

2. 糊酒篓、糊窗与纸暖阁用纸

生于五代后周的王禹偁有一首咏纸诗《赋得纸送朱严》："洁白又方正，似君心坦平。空随文价贵，未免刺毛生。客被侵霜薄，山窗映雪明。前春悬作榜，应见淡书名。"这首诗从第三句起分别列出当时纸的六大用途：写文章、纸名片（刺）、纸被、纸窗、纸榜、印书。说明北宋初期糊窗已是纸的社会用途之一。北宋郭震有《纸窗》诗："偏宜酥壁称闲情，白似溪云溥似冰；不是野人嫌月色，免教风弄读书灯。"

宋代仕宦之家过冬设有暖阁，以纸糊窗。室内生地炉取暖。王安石《纸暖阁》诗句："楚縠越藤真自称，每糊因得减书囊。"即用楚地縠皮纸与吴越藤纸的故纸糊窗。宋刘跂《和长历赋纸阁用王介甫韵》诗句，"我有陟厘三百幅，禦冬真欲倒归囊"，就是在糊纸阁时所作。宋张扩有《次韵子公舍人姪纸阁用荆公韵》有"纸阁新糊暂著床""气煖如熏德未凉""暮雪晓风浑不妨"等句。南宋周紫芝《纸阁初成》中的诗句说明南宋官臣之家也是糊纸阁度寒冬。宋代许多文人留下吟纸暖阁过冬的诗句。因为纸的透光、保暖、防风等性能均优于绮纱，所以上至皇族下至士民每年越冬前就新糊纸窗。糊窗使用纸量大量上涨。南宋刘克庄《除夕》诗句："窗损教寻废纸粘。"南宋林景熙有诗《山窗新糊有故朝封事稿阅之有感》："偶伴孤云宿岭东，四山欲雪地炉红。何人一纸防秋疏，却与山窗障北风。"

宋代寺庙、驿站与旅舍也有普遍以纸糊窗。北宋僧人惠洪有"黄卷青灯纸窗下"诗句，南宋辛弃疾《清平乐·独宿博山王氏庵》词句："绕床饥鼠，蝙蝠翻灯舞，屋上松风吹急雨，破纸窗间自语。"窗纸易被风雨所破，因而就采用油纸或蜡纸。宋范成大分别在江苏与湖南所作诗句有"一窗油纸暮春和""一夜雨声鸣纸瓦"及"纸瓦啄饥鸦"等，说明油纸不仅用于糊窗，而且已制成天窗的纸瓦。东北民间为防雨雪，创造了窗纸从户外糊后用豆油涂抹的方法，一直传至近代。

3. 书画用纸

韩滉（723—787）作的《五牛图》画心纸：原料为桑皮，白度为50度，纸面有涂料，涂料中有胶料，也有白色细粒状颜料，是一张经过精细处理的涂布加工纸。纸中桑皮的净化处理较好，纤维壁上的非纤维素物质脱除较干净。这样，纤维变得柔软而且表面光滑，浆料中没有纤维束及皮部的任何杂质。净化过的浆料，白度可达60度左右，用这种浆料抄纸，可以使纸面洁白、细平。再经过表面适当的涂布加工处理，则更进一步改善了纸的表面状态，以适应高级书画纸的需要。在浆料舂捣方面，《五牛图》纸的打浆度并不高，这种浆料抄的纸，吸收性较好，但又不过度渗透，适应了高级书画纸的需要。《五牛图》画心纸是用什么抄纸器抄造的，因画纸经过裱糊，无法检验。取到的纸毛试样太少，也无法判断纸的帘纹结构，但是从纸面细平程度看，应仍为竹帘抄纸，而且帘纹较密。

（三）临朐桑皮纸应用的影响因素

20世纪50年代以后，桑皮纸逐渐退出人们的日常生活，这门古老的技艺也面临着失传的危险。经历了短暂的低迷期后，临朐桑皮纸如今重焕光芒，活跃在书画展览的舞台上。随着现代科技的发展，桑皮纸的生产技术也得到了不断的改进和提高，使桑皮纸的品质和用途得到了进一步的提升和扩展。目前，桑皮纸已经成为一种具有广泛应用前景的高端文化产品，被广泛应用于书画、印章、贺卡、礼品、装饰等领域。桑皮纸的当前应用主要受以下几个方面影响。

1. 市场需求的变化

随着人们生活水平的提高和文化素质的不断提升，对于高品质文化产品的需求也越来越大。桑皮纸作为一种传统的手工艺品，具有独特的文化魅力和艺术价值，受到了越来越多人的青睐。

2. 技术不断创新

随着现代科技的发展，桑皮纸的生产技术也得到了不断的改进和提高，使桑皮纸的品质和用途得到了进一步的提升和扩展。例如，现在的桑皮纸可以通过特殊的处理方式，使其具有防水、防火、防虫等特性，从而扩展了其应用范围。

3. 文化价值不断提升

桑皮纸作为一种传统的手工艺品，具有深厚的文化底蕴和历史价值，具有独特的文化魅力，受到了越来越多人的关注和重视。随着人们对于传统文化的重新认识和重视，桑皮纸的文化价值也得到了进一步的提升。

第五节 | 临朐桑皮纸技艺传承

一、临朐桑皮纸代表性非遗传承人

（一）代表性传承人——连恩平生平简介

连恩平（图4-22），男，1969年4月生，临朐县冶源镇冶北村人，临朐桑皮纸代表性非遗传承人，也是临朐桑皮纸制作技艺的推广者。

连恩平是冶源镇冶北村人，祖上是"连史纸"创始人。其先祖连恒世自清代迁入临朐，定居于号称"江北第一竹林"的老龙湾畔、龙泉河上游。起初曾用当地竹子作为原料捞纸，但因原料短缺，后改用当地盛产的桑皮作原料生产。技艺传至曾祖连俊斗时，因供职庠生而停产。捞纸工艺由祖辈口述手授，代代相传。年代久远，又无文字记录，工艺面临失传。1989年6月他创办了临朐祥飞纸厂。经营范围是元书纸、桑皮纸、卫生纸。产品主要供应外贸包柿饼、蚕种场放蚕种。由于用途和用量很有

图4-22 连恩平在捞纸
来源：临朐县桑皮纸技艺传习所提供

限，所以惨淡经营。之后用麦草捞烧纸，勉强维持生存。1996 年，由于市场用量太少，销路不好，纸厂只得停工停产。2003 年，他深感传承文化责任重大，便只身前往河北迁安、安徽泾县、四川夹江、福建连城、浙江富阳等城市考察市场，预定了部分捞纸设备，做好了恢复桑皮纸生产的前期准备。2007 年，为传承非物质文化遗产，县里拨出专款，个人筹集资金，整修厂房、购置器械、招募工人，又恢复了生产经营。2009 年，申报省级非遗项目，桑皮纸技艺被列入山东省非物质文化遗产名录。2016 年连恩平成立临朐县桑皮纸制作技艺传习所，2017 年申报地理标志证明商标。2018 年潍坊商务局为其颁发"潍坊老字号"奖牌。连恩平自幼聪敏好学、爱好钻研，从小就对手工造纸产生浓厚的学习兴趣。自 1986 年开始，他开始潜心研究临朐古桑皮纸技艺，苦心经营，坚守几十年，立志传承和发扬临朐桑皮纸制作技艺。

1986 年，他拜山东省省级非遗传承人魏先明为师，学习手工桑皮纸捞制技艺，系统掌握桑皮纸捞纸步骤和核心技艺，得其精髓。

1987 年至 1989 年，他在冶源镇冶北村成立造纸作坊，从事手工桑皮纸捞制传承工作，促进桑皮纸生产进入小规模化。在此期间协助魏先明老师带徒训练，指导传授桑皮纸制作技艺，协助师傅培养学徒 5 名。

1988 年 5 月至 10 月，他去浙江富阳学习捞纸技术，借鉴优秀的抄纸经验，在此基础上改进了帘床，由原来的抄帘改为晃帘，使临朐桑皮纸质量有了质的提高。

1989 年至 2014 年，他在临朐县冶源镇成立祥飞纸厂，扩大了桑皮纸生产经营规模。

2014 年，他建立了临朐县桑皮纸制作技艺传习所，被认定为潍坊市级传习所，配备 10 名工作人员，从事桑皮纸制作技艺传承与研究。

2015 年 7 月，作为大陆文化代表赴台湾参加鲁台两地文化交流，受到连战先生接见，提高了桑皮纸制作技艺的知名度和影响力。

自 2015 年开始，他专心研究桑皮纸制作技艺，丰富了桑皮纸捞制技艺流程的文字资料。

2018 年 8 月，他参加了山东省文化和旅游厅举办的中国非遗传承人群研培计划——山东省传统工艺融入新旧动能转化工程系列培训班，系统掌握传统工艺融入生产生活的理论、实践案例，为后期对桑皮纸进行改质、改良提供了诸多经验和方法论。

2020 年 12 月，他与山东经贸职业学院联合申报成功。山东省职业教育技艺技能传承创新平台，高校专业团队为临朐桑皮纸技艺传承与品牌推广形象一系列卓有成效的活动。

（二）临朐桑皮纸传承谱系

桑皮纸传统手工技艺世代相袭，至今已传承 600 余年。据临朐县纸坊村《白氏家谱》记载，白连玉于明洪武八年（1375 年）创立家庭作坊，捞制桑皮纸，至今已传十一代。由于年代久远且缺少文字记载，前面多代传承人具体情况已经很难进行考究，以下从第八代白方泽开始介绍。

第八代：白方泽，师从白寿福，熟练掌握桑皮纸制作技艺 12 道工序。手法精湛，为人乐善好施，培养徒弟多人，帮助本村及邻村成立多家捞纸作坊，为临朐桑皮纸传承发展做出了重要贡献。

第九代：尹继孔、尹继礼，师从白方泽，二人联合创立龙泉纸坊，据临朐文史记载，因其捞制的桑皮纸纸质优良，1946 年曾给《大众日报》社专门加工精制的桑皮纸 120 万张，合计 48 小车。

第十代：魏先明（1947 年 8 月—2019 年 10 月），师从尹继孔，省级非遗代表性传承人，熟练掌握桑皮纸制作技艺，沿用碱法制浆，抄帘捞纸，技术娴熟，纸张质量优良，所造桑皮纸主要用于裱糊、包装等传统用途。

第十一代：连恩平，师从魏先明，认真学习桑皮纸捞制技艺，对制作技艺有自己独特的理解，对捞纸技艺进行拓展、改进、再提高，改进制浆方式，采用现代的生物酶中性制浆，因制浆方式更加温和，所得浆料纤维破坏性小，拉力和耐折度更高，捞制的桑皮纸质量更加优良。将非遗融入现代生活，制作出薄如蝉翼的工艺风筝桑皮纸、艾条包装专用桑皮纸、桑皮纸壁纸、书画专用桑皮纸等系列新产品，极大地拓宽了桑皮纸的用途。

（三）非遗传承成绩

"人一辈子关键是做对一件事，做对了就要坚持下去，哪怕是千辛万苦，为此付出一生，也决不退缩。"这是连恩平的人生信条，他正是凭着对传统文化的热爱和执着，在桑皮纸制作技艺的传承发展中不断实践着自己的人生诺言。

连恩平一是投入大量的人力、物力研究和规范桑皮纸的捞制工艺，在不改变桑皮纸纤维细长、质地柔韧、耐磨损、易保存等特性的基础上，结合自己多年的实践经验，在保留和规范原有工艺的基础上，经多次试制，终于生产出用于绘画和书法创作的手工桑皮纸，赋予了桑皮纸新的生命活力。二是不断改进捞制设备和厂房，建立了桑皮纸生化实验室，把生产出来的桑皮纸放在显微镜下进行细致观察，仔细研究桑皮纸的纤维变化及柔韧程度等，对发现的问题进行及时处理，做到手工生产，科学检测，不断改进桑皮纸生产质量，提高市场销量。三是建立了桑皮纸制作技艺生产基地，自己承包桑树园，桑树条可以用来制作桑皮纸，桑叶可以用来制作茶叶，桑葚可以用来酿酒，形成以桑皮纸为中心的集生产、加工、销售为一体的生产基地，在宣传桑皮纸的同时，也激发了市场活力，使临朐桑皮纸技艺得到更好的传承和发展。

2016年，连恩平被评为潍坊工艺美术大师。2017年，申报国家地理标志证明商标。2018年，获得"潍坊老字号"奖牌。2018年，加入中国民间文艺家协会会员。2020年，被山东经贸职业学院聘为桑皮纸制作技艺选修课特聘教授。2021年，受到中国文房四宝协会邀请作为专家参与中国文房四宝产品等级团体标准的编审工作。

（四）授徒传艺情况

连恩平自1987年创立祥飞纸坊至今，从事桑皮纸制作技艺从未间断，他一边带徒一边总结经验，培养正式徒弟6人。一是对桑皮纸制作核心技艺毫无保留地传授给徒弟，主要通过集中理论讲解与现场示范操作相结合，对12道工序进行细化分解，进行碎片化解读，方便徒弟理解掌握。二是带领徒弟反复试验攻克难题，解决桑皮纸纤维韧性问题，研发出适合不同用途的桑皮纸，扩大桑皮纸使用范围和销量，为桑皮纸的传承开辟了一条崭新的道路。三是根据徒弟掌握技艺程度，分成三个小组，开展竞技比赛，优势互补，补齐短板，形成良性的带徒模式。

现从事桑皮纸捞制技艺的徒弟都在传习所工作，成为传习所内的工作主力，人员情况如下：

史良政：跟随连恩平学艺22年，能够全面掌握桑皮纸整个捞制技艺，熟练掌握12道基本工序，分别是选材、扒皮、泡皮、盘皮、选皮子、卡对子、切瓢子、撞瓢子、捞纸、榨干、揭纸、扫纸。

张传亮：2005 年跟随连恩平学习桑皮纸捞制技艺，基本掌握桑皮纸制作技艺，擅长晒纸技艺，熟练掌握工艺流程中的揭纸、扫纸技艺。

王青义：2006 年跟随连恩平学习桑皮纸技艺，在基本掌握桑皮纸制作技艺的基础上，主攻捞纸，熟练掌握抄帘技艺，根据浆池内纸浆浓度控制竹帘抄入深度，以此控制纸张厚薄，做到纸张克重基本统一。

沈洪全：2010 年跟随连恩平学习桑皮纸制作技艺，主攻撞瓤子环节，做到切瓤子长短均匀，撞瓤子力道适中，所得浆料分解均匀，无杂质，为下一道工序捞出质量优良的桑皮纸打好基础。

沈明新：2010 年跟随连恩平学习桑皮纸捞制技艺，主攻卡对子技艺，对该技艺熟练掌握，使桑皮纤维充分分解，所得皮单大小厚薄均匀。

王立伟：2016 年跟随连恩平学习桑皮纸捞制技艺，了解各工艺流程，主攻选料、制浆技艺，责任心强，工作认真，做到选皮无杂质，熟练掌握制浆技艺，做到用手一抓就能分辨出皮料需要蒸煮的时间。

二、临朐桑皮纸非遗传承保护成果

2009 年 9 月 27 日公布《山东省第二批省级非物质文化遗产名录》，临朐桑皮纸制作工艺入选山东省非物质文化遗产。2016 年，在对临朐桑皮纸制作工艺的传承和保护上迈出了重要一步，临朐县成立了临朐县桑皮纸制作技艺传习所。该传习所旨在通过培训和传授制作技艺，传承临朐桑皮纸的制作工艺和技艺。这为年轻一代传承者提供了学习和实践的机会，确保了这一非遗技艺的延续。2018 年，潍坊商务局为临朐桑皮纸制作工艺授予了"潍坊老字号"奖牌。这是对临朐桑皮纸非遗传承保护的认可和荣誉，也为其赢得了更广泛的知名度和声誉。随后，2020 年，山东经贸职业学院申报的临朐桑皮纸技艺传承与品牌推广创新平台被立项为山东省第三批职业教育技艺技能创新平台。这个平台的建立为临朐桑皮纸的传承和发展提供了更加全面和系统的支持。通过整合教育资源、推动技艺研发和推广，该平台促进了临朐桑皮纸的传承与创新。

在品牌推广方面，临朐桑皮纸于 2022 年 1 月获得国家地理标志商标。这个商标的获得标志着临朐桑皮纸在市场上的地位和认可度得到进一步提升。国家地理标志商标的使用将有助于确保产品的质量和原产地的可靠性，进一步增强了临胸桑皮纸的市场竞争力和形象。

除了这些具体成果，临朐桑皮纸非遗传承保护的影响也在不断扩大。越来越多的人开始关注和重视这一独特的传统技艺，各级政府、文化机构和学术界也积极参与其中，为临朐桑皮纸的传承和保护提供了支持和资源。

以下为连恩平撰写，连心豪修改的《桑皮纸记》，高度概括了临朐桑皮纸的工艺特点。

中华千年，立农为本。

鲁中山区，桑蚕早兴。

汉唐宋元，缫丝鼎盛。

明清式微，骈邑尤胜。

慧我先民，桑皮造纸。

始于冶源，鼎盛纸坊。

薰水鲁桑，珠联璧合。

天生地造，灵气所钟。

数千年间，唯此质优。

寿纸千年，名重艺林。

筋健肌丰，万折不损。

纸质柔韧，色柔脂玉。

着墨圆润，聚不发散。

写诗作画，绵中有刚。

骨筋兼备，神采飞扬。

薰冶河畔，作坊栉比。

以业立基，仰食於斯。

临朐岁赋，占其四成。

捞纸工序，繁杂细致。

千日涅槃，纳易精华。

择要述之，一十二道。

一曰泡皮，令其松虚。

二曰蒸皮，使其疏解。

三曰盘皮，去表存瓤。

四曰化瓤，复泡洗拣。

五曰卡对，反复捶碾。

六曰切瓤，皮单切段。

七曰撞瓤，水中撞击。

八曰打瓤，拌匀成糊。

九曰捞纸，竹帘抄造。

十曰榨干，压纸成坨。

十一扫纸，挂壁烘火。

末道工序，理纸检验。

皮纸即成，犹如玮钰。

契约文书，修缮印谱。

解放战争，立功沂泰。

大众日报，印刷奏凯。

时代发展，淡出市场。

扬我绝技，今朝申遗。

连氏恩平，非遗传人。

祖传手艺，精工上乘。

苦心坚守，终成大业。

书画之乡，承德载道。

千年技艺，万世传祚。

第六节 | 临朐桑皮纸未来发展展望

桑皮纸制作工艺作为一项传统非遗技艺，具有悠久的历史和独特的文化价值。未来，桑皮纸制作工艺的非遗传承与品牌推广将面临许多机遇和挑战。以下是对其未来展望的几个方面。

一、创新与融合

随着时代的变迁和市场需求的改变，桑皮纸制作工艺需要与现代设计、科技创新相结合，注入新的元素和创新理念。通过与设计师、艺术家、科技企业等进行跨界合作，将桑皮纸工艺与现代艺术、时尚产业、环保科技等融合，创造出更具时代感和市场竞争力的产品与品牌。

二、可持续发展

在面对环境保护和可持续发展的压力下，桑皮纸制作工艺需要关注生态环境的保护和资源的可持续利用。未来的发展应注重推动绿色制造和循环经济，采用可再生材料、节能减排的生产工艺，推广环保的产品包装和使用方式，以提高桑皮纸制作工艺的可持续性，并将其作为品牌推广的亮点之一。

三、市场拓展与国际化

随着全球化的趋势，桑皮纸制作工艺有机会进入国际市场，与世界各地的文化和消费者进行交流与合作。品牌推广应注重挖掘桑皮纸制作工艺的独特卖点，强调其文化历史背景、手工艺精湛和环保特性，以吸引国际消费者的关注和喜爱。同时，积极参与国际文化交流活动、展览和合作项目，拓展国际合作渠道，提升桑皮纸制作工艺在国际舞台上的影响力。

四、教育与传承

桑皮纸制作工艺的非遗传承离不开教育和培训的支持。未来应注重培养更多的年轻人对桑皮纸制作工艺的兴趣和热爱，通过开展非遗传统的教育项目、学习班、工作坊等，传授技艺和知识，培养新一代的传承人。同时，利用现代化的教育手段和技术，如在线课程、虚拟现实等，拓宽传承与推广的途径，吸引更多年轻人参与和了解桑皮纸制作工艺。

综上所述，未来临朐桑皮纸制作工艺的非遗传承与品牌推广需要与时俱进，注重创新、可持续发展、国际化和教育传承。通过综合利用现代技术、跨界合作、绿色制造等手段，桑皮纸制作工艺有望在未来焕发新的活力和市场竞争力，为传统文化的保护与发展做出积极贡献。

第五章

临朐桑皮纸制作技艺
传承困境及解决思路

第一节 | 非遗传承人流失

非遗传承人流失是目前临朐桑皮纸面临的最大困境。随着经济全球化和文化多元化的发展，非物质文化遗产作为一种独特的文化资源，受到越来越多的重视。它是人类智慧的结晶，是中华民族文化的重要组成部分，承载着民族文化的精神内涵和历史记忆，是中华民族文化的重要遗产。但是，在非物质文化遗产技艺传承方面，面临着许多困境和挑战。临朐桑皮纸这一古老的技艺，在工业化造纸的冲击下，纸逐渐退出人们日常生活，高档桑皮纸渐渐绝迹。更令人心痛的是，造纸匠人纷纷转行，其后辈子承父业的也屈指可数，会制作桑皮纸的匠人寥寥无几，这门古老的手工技艺陷入失传的危险，亟待抢救的窘境。

一、具体表现

（一）非遗传承人老龄化

非物质文化遗产的技艺传承需要一定的时间和精力，但随着年龄的增长，传承人的身体机能和记忆力逐渐下降，传承工作变得十分困难。同时，传承人的家庭和社会责任也会影响其传承工作的投入和时间。

传统桑皮纸制作技艺的传承人多数年事已高，他们是技艺的守护者和传承者。然而，随着时间的推移，这些传承人逐渐年迈，他们面临退休或生活环境的变化，无法继续从事传统技艺的传承工作。这导致了传承人数量的减少和技艺传承的中断。目前，临朐桑皮纸代表性传承人仅剩连恩平一人。2009年9月临朐桑皮纸制作工艺入选山东省非物质文化遗产目录，代表性传承人魏先明（1947—2019）已过世，现有代表性传承人仅剩连恩平（1969年生）一人。

（二）缺乏传承接班人

目前，临朐桑皮纸技艺传承面临后继无人的窘境。能系统掌握临朐桑皮纸技艺的匠人仅剩连恩平一人，在其临朐桑皮纸技艺传习所内虽有多名学徒工人，但平均年龄偏大，传承意愿不大，连恩平有子女三人，均无继承此技艺的意向。由于桑皮纸制作技艺需要长期学习和实践，新一代年轻人可能对这项技艺缺乏兴趣或不愿意从事传统手工艺的工作。他们更倾向于选择其他职业或工作方式，这导致了传承人的空缺和技艺传承的困境。

二、原因分析

非物质文化遗产传承人流失不仅出现在临朐桑皮纸这一技艺上，具有一定普遍性。以下分析一下具体原因。

（一）社会环境的变化

手工桑皮纸这一传统手工艺品在现代生活中已经失去了市场需求，由于无法维持生计和生活质量，很多非遗传承人被迫转行或者离开家乡去寻找更好的生活。

手工桑皮纸古时一度作为造纸行业的主角，作为一种普遍用纸，糊窗户、写字作画，还用于制伞、糊篓、做炮引、包中药、制扇子等。高档桑皮纸一直作为高档书画、高级装裱用纸。随着社会经济的发展和现代化的进程，人们的生活方式和价值观念发生了变化，对非遗文化的需求和重视程度也发生了变化。20世纪50年代以后，桑皮纸已经完全退出人们的日常生活。

（二）经济压力的影响

非遗传承人的传承是需要耗费时间和精力的，由于传承非遗文化并不能获得很高的收入，许多非遗传承人的经济状况十分困难，难以承担生活和传承的压力。此外，许多非遗传承人也没有其他职业技能和资源，面对日益增长的经济压力，很多人不得不放弃传承非遗文化而选择其他生计方式。作为临朐桑皮纸代表性非遗传承人，连恩平直言从手工桑皮纸中无法获得收入，不得已自己开办了一家工业化造纸厂，批量生产宣纸，用获得的收入来维系手工桑皮纸，"以纸养纸"。

（三）传承模式的问题

传承模式是非遗传承的重要环节，但是当前传承模式存在一些问题。传统的口口相传的模式不仅无法保证非遗技艺的纯正传承，而且限制了传承人的范围，导致传承人群体的不断减少。同时，由于一些非遗技艺需要较高的学习门槛和复杂的操作流程，加之传承人的年龄、身体状况等因素，导致传承面临很大的困难。

（四）缺乏政策和经济支持

非遗传承需要大量的时间、精力和金钱的投入，但是当前政府和市场对非遗传承的支持力度相对较弱。政府方面，对非遗传承的政策支持和投入不足，难以提供足够的经济保障和资源支持。市场方面，非遗手工艺品的市场需求不足，很多非遗传承人无法获得合理的报酬，导致他们难以坚持传承非遗文化。此外，缺乏专业的组织和机构来支持非遗文化的传承和保护，也是非遗传承人流失的原因之一。

（五）社会认知和传播的问题

社会认知和传播也是非遗传承人流失的原因之一。许多人对非遗文化缺乏足够的认知和理解，对非遗传承人的劳动和付出不够重视。同时，由于传统手工艺技艺的学习门槛较高，很多年轻人缺乏对非遗文化的兴趣和热情，导致非遗传承人的数量越来越少。另外，现代媒体的发展和影响也加剧了非遗传承人流失的问题。由于现代媒体的宣传和推广，一些非遗技艺逐渐被商业化和流行化，导致非遗文化的传承受到了一定的冲击。

三、解决思路

针对非遗传承人流失的原因，应该采取相应的措施来保护和传承非遗文化。首先，政府应该加大对非遗传承的支持力度，包括提供足够的经济保障、建立专业的组织和机构来保护非遗文化等。其次，应该采取更加多样化的传承模式，充分利用现代技术和网络平台，提高非遗技艺的传承效率和范围。同时，也应该加强对非遗文化的宣传和推广，提高社会对非遗文化的认知和重视程度，激发年轻人对非遗文化的兴趣和热情。最后，商业化和流行化对非遗文化的冲击也应该引起重视，需要通过合理的措施来平衡商业化和非遗传承之间的关系，保障非遗文化的纯正传承和发展。

总之，非遗传承人流失是当前面临的一个重要问题，需要政府、社会组织和广大民众共同努力来保护和传承非遗文化，保留中国传统文化的精髓和智慧，让非遗文化在当代焕发出新的风采。

第二节 | 环境与资源压力

由于手工造纸对水的依赖，造纸作坊大多靠近水源，手工造纸虽不像工业造纸产生的废水那么多，但仍然会污染水源。传统临朐桑皮纸制作技艺对当地水源有一定污染。

一、具体表现

1. 林木资源压力

由于手工桑皮纸制作需要使用桑树的皮进行纸浆制作，因此需要大量的桑树资源。然而，桑树的生长周期较长，资源有限，面临着日益增加的需求和开发压力。大量的桑树砍伐和过度利用导致了桑树资源的稀缺化和退化，对生态环境和生物多样性造成了威胁。

2. 水资源压力

手工桑皮纸制作需要大量的清水用于纸浆的制作和纸张的加工。然而，随着人口增长和经济发展，水资源日益紧张，供需矛盾加剧。一些地区的桑皮纸制作工坊由于缺乏充足的清水供应，无法满足生产需要，影响了手工桑皮纸的生产规模和质量。

3. 污染与排放

手工桑皮纸制作过程中，可能会产生废水、废渣和废气等污染物。如果没有合理的处理和控制措施，这些污染物会对水体、土壤和大气环境造成负面影响，危害生态系统的健康。同时，一些传统的工艺方法可能会使用一些化学药剂，对环境和人体健康造成潜在风险。

4. 生态环境破坏

桑树是生态系统的一部分，它们为土壤保持、水源涵养和生物多样性提供了重要的功能。然而，大规模的桑树种植和砍伐活动会导致生态系统的破坏，破坏了植被覆盖和生物栖息地，破坏了生态平衡。一些地区的过度开发和不合理利用导致了土壤侵蚀、水土流失等问题，对生态环境造成了严重影响。

二、原因分析

这些环境与资源压力的主要原因可以归结为以下几点：

人口增长和消费需求的增加：随着人口的增长和生活水平的提高，对手工桑皮纸等传统纸张产品的需求也不断增加，导致资源供应紧张。

不合理的开发和利用：一些地区对桑树资源的开发和利用缺乏规范和科学性，导致资源过度砍伐和浪费。

缺乏环保意识和技术支持：在手工桑皮纸制作过程中，缺乏环境保护意识和技术支持，导致污染物排放和生态环境破坏问题。

三、解决思路

为了应对这些环境与资源压力，需要采取以下措施：

资源保护与合理利用：加强桑树资源的保护与管理，建立桑树种植基地，推广科学的种植技术和管理方法，提高资源的利用效率。

水资源管理：加强水资源管理，制定合理的用水计划，鼓励节水措施的采用，推动清洁生产，减少水污染。

环境保护与减排措施：引入环保技术，改进传统工艺方法，减少污染物的产生和排放，推动绿色生产方式，实施循环经济。

增强意识与教育：加强环保意识和文化素质教育，提高人们对生态环境保护的认识和重视，培养绿色消费观念。

加强监管与政策支持：建立健全的法律法规和政策体系，加强对手工桑皮纸制作过程的监管，促进可持续发展。

综上所述，手工桑皮纸面临着环境与资源压力，其中的具体表现包括林木资源压力、水资源压力、污染与排放问题以及生态环境破坏。这些问题的产生主要源于人口增长、消费需求的增加、不合理的开发利用以及缺乏环保意识和技术支持等原因。为应对这些问题，需要采取一系列措施，包括资源保护与合理利用、水资源管理、环境保护与减排措施、增强意识与教育以及加强监管与政策支持，以实现手工桑皮纸制作的可持续发展。

第三节 | 市场需求不足

随着现代科技的快速发展，人们在书法、绘画等领域的需求正在迅速地转向数字化产品，而传统的手工纸张的需求量却在逐渐减少。很多人认为，传统的手工纸张虽然有着独特的韵味和纹理，但是其制作时间长、价格高，而且不具备数字产品的便捷性和实用性。因此，市场上对桑皮纸等传统手工艺品的需求量正在逐渐萎缩，这对于桑皮纸的传承也带来了很大的压力。

一、具体表现

在现代社会，由于科技和工业的发展，许多新型材料已经可以替代手工桑皮纸，导致市场需求不足，手工桑皮纸的应用范围受到了很大的限制。当前，非遗产品市场需求不足是非常普遍的现象。虽然随着近年来人们对传统文化的重视和非遗文化的推广，非遗产品的市场前景在逐渐扩大，但是总体上仍然存在着市场需求不足的问题。

（一）桑皮纸销量惨淡

手工桑皮纸价格昂贵，这也是非遗产品市场需求不足的原因之一。相比于一些普通的工艺品和文化产品，非遗产品的生产成本和制作难度都较高，因此其售价也会相应提高。然而，这也会让一些消费者望而却步，尤其是那些价格敏感的消费者，这就使非遗产品在市场上的竞争力大打折扣。

（二）桑皮纸的销售渠道不畅

当前，非遗产品的销售渠道相对较少。大部分非遗产品仅停留在非遗博物馆或是文化展览中，而在商业市场上的销售相对较少。即使有一些非遗产品进入商业市场，但销售渠道相对狭窄，无法达到更广泛的市场覆盖。这也导致了非遗产品市场需求不足的问题。

二、原因分析

（一）传统手工艺制作技术的过时和落后

在当代社会，大量现代化的机械设备已经被广泛应用到制造业中，这使得许多传统手工艺制作技术已经逐渐过时和落后。虽然一些非遗产品仍然采用传统手工艺制作，但是这些产品由于制作时间长、成本高、质量难以保证等因素，导致其市场竞争力相对较弱。此外，一些年轻人也缺乏对传统手工艺制作技术的认知和兴趣，这也是非遗产品市场需求不足的原因之一。

（二）非遗产品的文化价值认知不足

在当代社会，随着现代科技的发展和文化的多元化，人们的消费观念和文化审美也在不断变化。相比于传统手工艺品，一些新兴的时尚品牌和文化产品更能够引起年轻人的兴趣和消费需求。此外，对于非遗产品的文化价值认知不足也是非遗产品市场需求不足的原因之一。许多消费者更关注产品本身的实用性和外在表现形式，而对于非遗产品所蕴含的深厚文化底蕴并不十分重视，这导致非遗产品在市场上的竞争力相对较弱。

（三）非遗产品的营销宣传不足

在当代市场经济中，营销和宣传的重要性越来越受到重视。相比于一些知名品牌和文化产品，许多非遗产品的宣传推广力度相对较小。许多非遗产品缺乏品牌推广和品牌意识，导致其在市场上的知名度和影响力相对较弱，这也是非遗产品市场需求不足的原因之一。

（四）非遗产品设计和品质难以满足现代消费者的需求

随着现代消费者对产品的需求不断提高，非遗产品的设计和品质难以满足现代消费者的需求。一些非遗产品的设计和包装显得过于传统和朴素，无法吸引现代消费者的眼球。此外，一些非遗产品的品质无法达到现代消费者的标准，如质量不稳定、外观不精美、使用寿命短等问题，这也是非遗产品市场需求不足的原因之一。

（五）非遗产品价格昂贵

非遗产品不仅打下了深深的历史文化印记，而且也承载了先人的智慧与情感，与普通产品相比，非遗产品因为制作技艺的稀缺性和排他性而具有较高的附加值。临朐桑皮纸由于其大部分工序由手工完成，其生产成本超出普通工业纸张10倍有余，临朐手工桑皮纸一度陷入因价格高而成交难的窘境，不仅使传承人的劳动得不到及时有效的回报，同时也影响了非遗文化的传播与传承。

三、解决思路

当代非遗产品市场需求不足的原因是多方面的，包括传统手工艺制作技术的过时和落后、非遗产品的文化价值认知不足、非遗产品的营销宣传不足、非遗产品设计和品质难以满足现代消费者的需求、非遗产品的销售渠道不畅以及非遗产品价格昂贵等问题。针对这些问题，非遗传承人和相关部门需要加强对传统手工艺制作技术的创新和改良，提升非遗产品的品质和设计，积极拓展非遗产品的销售渠道，加强对非遗产品的宣传推广，以及制定合理的价格策略，以提高非遗产品在市场上的竞争力和知名度，进而促进非遗文化的传承和发展。

（一）产品多样化

拓展手工桑皮纸产品的种类和用途，包括但不限于书画、文书档案、糊篓、扎制风筝、包装纸等，以满足不同消费者的需求。寻找新的应用场景和市场，例如手工纸的教育用途、特殊场合礼品等，拓展手工纸的市场需求。

（二）品质优化

提高手工桑皮纸的质量，强调其独特性、手工工艺和环保特点，增加消费者对手工桑皮纸的认知和好感度。

（三）专业化定位

针对特定消费群体，如艺术家、手工爱好者等，进行专业化定位和精准营销，打造独特的品牌形象。

第四节 ｜ 传统技术局限

桑皮纸作为一种传统手工艺品，长期以来一直保持着相对稳定的制作工艺和艺术风格，缺乏对于技艺的创新和发展。如何在保持传统风格的同时，让作品更具有现代审美和市场竞争力，也成为桑皮纸非遗传承面临的重要问题。

一、具体表现

制作工艺和艺术风格的保守不仅使桑皮纸的艺术形式缺乏新鲜感和时代感，也让年轻人更难以接受和传承这种传统手工艺品。具体表现为：

（一）生产效率低

临朐桑皮纸的传统制作工艺复杂，耗时费力，导致生产效率相对较低，难以满足现代大规模需求。

（二）产品一致性差

由于手工制作的特点，临朐桑皮纸的产品一致性可能较差，难以满足现代市场对产品质量的一致要求。由于手工桑皮纸制作需要大量的人工操作，传统工艺技术难以保证稳定的质量，这使手工桑皮纸的市场竞争力受到了影响。

二、原因分析

（一）传承人技术水平不足

非遗技艺是非物质文化遗产的重要组成部分，但是传承人的数量和技术水平是制约非遗产品质量的重要因素。由于历史原因和社会转型等原因，许多传统手工艺制作技术面临着传承人流失的问题，很多技艺已经失传或者濒临失传。同时，即使一些传承人还健在，也由于年龄问题或者其他原因，无法传授给更多的人，导致了传承人数量不足的问题。这种情况下，非遗产品的制作水平难以得到有效的保障，也很难实现稳定的质量。

（二）原材料的稳定性差

非遗产品需要使用一些特殊的原材料，这些原材料往往来源于自然资源。但是，由于环境变化、天气等因素，这些原材料的稳定性较差。比如，某些手工艺品需要使用特定的植物或动物制作，而这些植物或动物的数量也存在限制，如果超过限制，将导致这些物种的灭绝。因此，在非遗产品的制作过程中，原材料的稳定性成为一个很大的问题。

（三）现代化工艺的缺乏

在现代工艺技术的发展下，许多工艺制作技术都得到了很大的改善。然而，这种现代化工艺技术的发展并没有对非遗产品的制作过程产生很大的影响。一些传统的手工艺制作技术需要更加现代化的工艺设备和技术支持，以提高产品的制作效率和质量。然而，由于传承人数量有限和传统手工艺制作技术的固守，现代化工艺技术的应用还存在一些困难。

（四）市场监管不足

非遗产品的市场监管不足也是导致其质量难以保证的原因之一。一些小作坊或个体户的生产环境、原材料来源、生产标准等都难以得到有效的监管和管理。这些小作坊或个体户往往难以提供合格的产品，而消费者也无从得知产品的质量。这种情况下，非遗产品的质量难以得到有效的保障，也很难得到市场认可和消费者信赖。

（五）消费者认知和需求不足

非遗产品的生产和销售依赖于消费者的认知和需求。但是，在当代社会中，消费者的认知和需求不足也成为非遗产品质量难以保证的原因之一。一些消费者可能并不了解非遗产品的价值和历史意义，对非遗产品缺乏认知。另外，一些消费者更喜欢现代化的产品，对传统手工艺制品缺乏兴趣，导致非遗产品的销售量不足。这种情况下，非遗产品的制作和销售难以得到有效的保障，也很难实现稳定的质量。

三、解决思路

导致非遗产品质量难以保证的原因是多方面的，包括传承人数量和技术水平不足、原材料的稳定性差、现代化工艺的缺乏、市场监管不足以及消费者认知和需求不足等。为了解决这些问题，需要政府、企业、社会组织等多方面的合作和支持，加强非遗传承和创新，推广非遗文化，提高非遗产品的质量和市场竞争力，保护和传承非物质文化遗产。

（一）技艺传承与创新

通过开设手工艺术学校、传统技艺培训班等方式，鼓励年轻人学习临朐桑皮纸的传统技术，同时结合现代科技手段和设计理念，推动临朐桑皮纸的创新发展。

（二）提高生产效率

引进现代生产设备和自动化工艺，优化生产流程，提高临朐桑皮纸的生产效率，以满足大规模需求。

（三）品质提升与品牌建设

提高临朐桑皮纸的产品品质，强调其独特的传统工艺和文化价值，建设优质品牌，提升消费者对临朐桑皮纸的认知和认可度。

第五节 | 管理有待规范

手工桑皮纸的制作和销售缺乏标准化和规范化管理，导致市场上存在大量的劣质产品和仿制品，严重损害了手工桑皮纸的声誉和品牌形象，也使消费者难以辨别真伪，从而影响了手工桑皮纸的市场信誉和竞争力。

一、具体表现

手工桑皮纸的制作和销售缺乏标准化和规范化管理的具体表现可能包括以下几方面。

（一）制作过程不统一

不同的手工桑皮纸生产企业或个体工艺师可能采用不同的制作工艺和技术，导致产品品质和特性的差异。

（二）质量参差不齐

由于缺乏统一的生产标准和监督，手工桑皮纸的质量可能参差不齐，有的产品可能粗制滥造，而有的产品质量较高。

（三）市场价格混乱

缺乏统一的价格标准，手工桑皮纸的市场价格可能不稳定，供应商之间的价格竞争可能导致市场混乱。

（四）产品标识不清晰

缺乏统一的产品标识和认证，消费者可能难以辨别真伪，无法选择适合的产品。

二、原因分析

（一）非遗产品的制作过程具有独特性和复杂性

非遗产品的制作过程通常具有独特性和复杂性，因为它们是通过传统的手工艺制作而成的。由于这些产品通常是由手工制作而成，每个手工艺人都有自己的技术和方法，这意味着相同的产品在不同的制作过程中可能会产生不同的结果。因此，非遗产品难以标准化。

（二）非遗产品的生产和销售缺乏规范

非遗产品的生产和销售通常是由小规模的手工作坊和个体户完成的，这些小作坊和个体户之间缺乏统一的生产和销售规范。因此，非遗产品的制作和销售标准不统一，产品的质量也无法得到保证。此外，非遗产品的生产和销售往往缺乏行业组织的监管和规范，这也使非遗产品的标准化难以实现。

（三）非遗产品的制作需要传统工具和材料

非遗产品的制作通常需要传统的工具和材料（图5-1~图5-3），这些工具和材料可能不容易获得，甚至由于现代化工艺的影响已经逐渐消失。由于这些工具和材料的稀缺性，非遗产品的制作过程难以规范化和标准化。

图5-1　临朐桑皮纸传统捞纸工具

图5-2　临朐桑皮纸传统"卡对子"木制长柄槌

图5-3　临朐桑皮纸"切瓤子"用的切瓤床和切瓤刀

（四）非遗产品的文化内涵和艺术价值具有个性化和多样性

非遗产品的文化内涵和艺术价值通常具有个性化和多样性。不同的非遗产品可能代表着不同的文化内涵和艺术风格，因此，难以用相同的标准来评估和比较它们的质量。此外，由于非遗产品的制作通常是由手工艺人完成的，每个手工艺人都有自己的文化认知和艺术风格，这也使非遗产品难以标准化。

三、解决思路

（一）建立行业标准

通过行业协会或相关政府部门的指导，制定手工桑皮纸制作和销售的行业标准，明确生产工艺、质量要求和产品标识等。

（二）技术培训和传承

开展手工桑皮纸制作技术的培训和传承活动，引导手工艺师学习先进制作工艺和质量管理知识。

（三）建立认证体系

建立手工桑皮纸的产品认证体系，对符合标准的产品进行认证，帮助消费者识别优质产品。

（四）加强监督和管理

加强对手工桑皮纸生产企业的监督和管理，确保生产过程符合标准要求，维护市场秩序。

通过上述解决思路，可以逐步解决手工桑皮纸制作和销售缺乏标准化和规范化管理的问题，推动手工桑皮纸产业的健康发展，提高产品质量和市场竞争力，为传统手工艺带来新的活力。

第六节 ｜ 非遗传承政策实施的挑战

在实施非遗传承政策建议和措施时，还需要克服一些挑战和困难。

一、资金和资源的限制

非物质文化遗产技艺的传承需要大量的资金和资源支持，包括设立专项基金、建立专门机构、进行培训和保护工作等。政府和社会各界需要共同努力，增加对非物质文化遗产技艺传承的投入和支持。

二、人才培养和传承师傅的稀缺

传统技艺的传承需要传承师傅的亲自指导和传授，然而，随着年龄的增长，传承师傅的数量逐渐减少。建立学徒制度和培养更多的传承人才是一个迫切的任务，需要通过教育、培训和激励措施来吸引年轻一代参与传统技艺的学习和传承。

三、现代化和商业化的挑战

在保护和传承非物质文化遗产技艺的过程中，需要平衡传统技艺的保持和发展的现代需求。传统技艺的商业化转型可能面临着传统价值观与商业利益之间的冲突，需要寻找到一个合适的平衡点。

四、文化多样性的尊重和保护

在加强非物质文化遗产技艺传承的过程中，需要尊重和保护不同文化背景下的多样性。尊重各地区和民族的传统技艺，避免文化的标准化和同质化，保持其独特性和地域特色。

总之，加强非物质文化遗产技艺传承是一个复杂而艰巨的任务。需要政府、教育机构、社会组织和公众的共同努力，通过政策支持、教育培养、传承机制的建立、社会参与和国际合作等手段，共同保护和传承这些宝贵的非物质文化遗产技艺。只有这样，我们才能将这些技艺传承给下一代，让它们继续为人类文化的多样性做贡献。

第六章

临朐桑皮纸非遗传承与品牌推广的关系

第一节 | 非遗传承的原则、路径和方法

一、非遗传承的原则

（一）非遗传承的内涵

我国作为历史悠久的文明古国，拥有丰富多彩的文化遗产，其中非物质文化遗产扮演着重要角色。作为我国历史的见证和中华文化的重要承载者，非物质文化遗产蕴含着中华民族独特的精神价值、思维方式、想象力和文化意识，体现了中华民族的生命力和创造力。非物质文化遗产，根据联合国教科文组织《保护非物质文化遗产公约》，是指"被各群体、团体、有时为个人所视为其文化遗产的各种实践、表演、表现形式、知识体系和技能及其有关的工具、实物、工艺品和文化场所"。2011 年 2 月 25 日颁布的《中华人民共和国非物质文化遗产法》规定，非物质文化遗产是指"各族人民世代相传并视为其文化遗产组成部分的各种传统文化表现形式，以及与传统文化表现形式相关的实物和场所"。

非物质文化遗产的国际分类为：口头传统和文化空间，包括作为非物质文化遗产媒介的语言，表演艺术；社会实践、仪式、节庆活动，有关自然界和宇宙的知识和实践，传统手工艺。我国非物质文化遗产分类包括：传统口头文学以及作为其载体的语言，传统美术、书法、音乐、舞蹈、戏剧、曲艺和杂技，传统技艺、医药和历法，传统礼仪、节庆等民俗；传统体育和游艺，其他非物质文化遗产。桑皮纸制作技艺在我国非物质文化遗产保护名录中属于传统技艺（表 6-1）。

表 6-1　第一批国家级非遗目录（节选）

序号	编号	项目名称	申报地区或单位
405	Ⅷ-55	厦门漆线雕技艺	福建省厦门市
406	Ⅷ-56	成都漆艺	四川省成都市
407	Ⅷ-57	茅台酒酿制技艺	贵州省
408	Ⅷ-58	泸州老窖酒酿制技艺	四川省泸州市
409	Ⅷ-59	杏花村汾酒酿制技艺	山西省汾阳市
410	Ⅷ-60	绍兴黄酒酿制技艺	浙江省绍兴市

续表

序号	编号	项目名称	申报地区或单位
411	Ⅷ-61	清徐老陈醋酿制技艺	山西省清徐县
412	Ⅷ-62	镇江恒顺香醋酿制技艺	江苏省镇江市
413	Ⅷ-63	武夷岩茶（大红袍）制作技艺	福建省武夷山市
414	Ⅷ-64	自贡井盐深钻汲制技艺	四川省自贡市、大英县
415	Ⅷ-65	宣纸制作技艺	安徽省泾县
416	Ⅷ-66	铅山连四纸制作技艺	江西省铅山县
417	Ⅷ-67	皮纸制作技艺	贵州省贵阳市、贞丰县、丹寨县
418	Ⅷ-68	傣族、纳西族手工造纸技艺	云南省临沧市、香格里拉县
419	Ⅷ-69	藏族造纸技艺	西藏自治区
420	Ⅷ-70	维吾尔族桑皮制作技艺	新疆维吾尔自治区吐鲁番地区
421	Ⅷ-71	竹纸制作技艺	四川省夹江县、浙江省富阳市
422	Ⅷ-72	湖笔制作技艺	浙江省湖州市

非物质文化遗产保护的内涵，是指为确保非物质文化遗产生命力而采取的各种措施，包括这种遗产各个方面的确认、立档、研究、保存、保护、宣传、弘扬、传承（特别是通过正规和非正规教育）和振兴。根据由中华人民共和国第十一届全国人民代表大会常务委员会第十九次会议通过的《中华人民共和国非物质文化遗产法》（2011 年 2 月 25 日），指出国家对非物质文化遗产采取认定、记录、建档等措施予以保存，对体现中华民族优秀传统文化，具有历史、文学、艺术、科学价值的非物质文化遗产采取传承、传播等措施予以保护。与此同时，我国非物质文化遗产保护工作的指导方针是"保护为主，抢救第一，合理利用，传承发展"，这意味着在抢救保护濒危非物质文化遗产项目的前提下，对非物质文化遗产文化资源合理利用转化为经济资源，为当地提供就业实现脱贫致富，这种良性的发展式保护，能够为非物质文化遗产带来可持续的保护、传承和发展。

因此，非遗保护传承是指在保护的基础上，强调通过各种手段来加强非遗传承，实现可持续发展，即通过传承来促进保护。与此同时，我国非遗保护传承更加突出强调，要将非遗自身资源有效转化为经济资源，即在保护传承过程中要能够创造经济利益，为其自身发展提供经济支撑，解决部分群众的就业问题等，实现生产性和发展式保护传承。

临朐桑皮纸制作技艺保护传承的内涵，是指为确保临朐桑皮纸生命力和可持续发展而采取的各种措施，包括由最初的确认、抢救、建档、研究、保存等，到现阶段建立了临朐县桑皮纸技艺传习所，针对临朐桑皮纸进行生产性保护，主要通过发展临朐桑皮纸文化产业来实现临朐桑皮纸的有效保护和传承。

（二）非遗传承的特征

从非遗传承的内涵出发，结合非遗传承的实际经验，可以概括出非遗传承的特征如下：

1. 持有、传承和保护所牵涉的主体是多元的

非遗的概念明确指出非遗持有和传承主体由社区、群体和个人组成，这说明非物质文化遗产持有和传承主体天然具有多元化特征，这使得非遗的保护主体必然也呈现多元化特征。临朐桑皮纸技艺传承主体涵盖了传承人、家庭、社区、学校、教育机构、政府、文化机构、社会组织和非营利机构等各个层面。他们共同努力，保护和传承非遗技艺，推动临朐桑皮纸制作技艺的发展和传播。

2. 传承的活态性

非遗传承的活态性是指非物质文化遗产在传承过程中的活力和适应性，它强调非遗传承的持续性和与时俱进的特点。传统非遗技艺并非僵化的文化遗产，而是具有生命力和可塑性的文化实践。

一方面，非遗传承并非简单地复制和传承过去的技艺，而是在保留传统核心的基础上，注入创新元素，使其与现代社会需求相结合。传承人通过与其他领域的艺术、科技、设计等进行融合，创造出新的表达形式和市场价值。另一方面，非遗传承需要与社会变迁和时代发展相适应。传承人要灵活调整传统技艺的表现方式，使其更好地符合现代审美和需求。同时，非遗传承也要关注社会问题和新兴需求，以非遗技艺为切入点，传递社会价值观念和文化自信。

3. 传承的口传心授性

非遗传承的口传心授性是指传统非物质文化遗产在传承过程中主要通过口述和亲身示范传授给后代，传承人将技艺、知识和经验直接传递给学徒或后继者，并将心得、理念和价值观传承下去。这种口传心授的方式强调传统知识的口头传承和亲身实践的重要性，通过直接的人际交流和互动，实现技艺的传承和传统文化的继承。口传心授的特点如下：

口头传承：传承人将技艺和知识以口述的方式传授给后代。这种口头传承方式具有直接、亲密和生动的特点，通过言传身教的方式，将技艺的细节、技巧和

要领传递下去。

亲身示范：传承人通过亲自示范和实践演示，向学徒展示正确的动作、步骤和技术。学徒通过观察、模仿和亲身实践，逐渐掌握技艺的精髓。

个性化教学：传承人会根据每个学徒的特点和进展情况进行个性化的教学和指导。他们会根据学徒的实际情况调整教学方法和进度，帮助学徒更好地理解和掌握技艺。

经验传承：传承人不仅传授技艺本身，还传递技艺背后的经验、智慧和价值观。他们会分享自己的心得和故事，传递非物质文化遗产所蕴含的思想、道德和文化意义。

互动交流：口传心授的过程是一种互动的交流过程。传承人和学徒之间通过对话、提问和回答的方式，建立起师生关系，促进双方的互动与学习。

通过口传心授的方式，传承人能够将非遗技艺的精髓和独特性传递给后代，使其在实践中逐渐领悟和掌握技艺的精髓。这种人与人之间的直接传承方式不仅有助于保留和传承非遗技艺的核心要素，还能够传递文化的情感和价值，弘扬传统文化的精神。

4. 物质和非物质高度契合

遗产的无形性和有形性是相对的概念，只是彼此侧重点不同，非遗物质文化遗产侧重遗产的无形性，但无形的遗产也需要借助有形的实物载体来体现。非遗物质和非物质的高度契合指的是传统非物质文化遗产与物质载体之间的紧密关联和相互依存关系。非物质文化遗产作为一种精神、知识和技能的传统实践，需要依靠具体的物质形式来表达和传承。

在非遗传承过程中，非物质文化遗产常需要借助物质载体来进行展示、传播和保存。这些物质载体可以是具体的物品、工具、器械，也可以是建筑、舞台、舞台道具等。物质载体承载了非物质文化遗产的内涵和表现形式，使其能够被感知、理解和传递。比如，传统桑皮纸制作技艺需要工具和材料作为物质载体来展示和制作。古老的桑皮纸字画、桑皮纸器物和文物可以作为实物的见证，帮助后人了解和研究桑皮纸制作技艺的历史和演变。观众可以通过参与传统手工抄纸，亲身体验和感受非物质文化遗产的魅力。

非遗物质和非物质的高度契合使非物质文化遗产得以在具体的物质形式中得

以传承、展示和发展，丰富了人们的文化生活，也促进了非物质文化遗产的保护与传承。同时，这种契合关系也为创新和发展非物质文化遗产提供了广阔的空间和可能性。

5.非物质文化遗产的独特性

非物质文化遗产是特定民族在特定区域内，通过长期积累而创造的文化结晶等，能反映出该地区独特的社会环境、生活习惯、人文习俗、自然特征等，其体现出的思想、意识、情感和价值观具有独特性和无可替代性。

非物质文化遗产的独特性使其在文化多样性和人类文明发展中起着重要的作用。它代表了人类创造力和想象力的丰富表达，具有深厚的文化价值和社会意义。保护和传承非物质文化遗产不仅是对历史和文化的尊重，也是对人类文明多样性的维护和发展的重要举措。

（三）非遗传承的原则

非遗传承的原则是指在保护和传承非物质文化遗产时，遵循的一些基本准则和指导原则。以下是非遗传承的原则。

1.尊重和保护

非遗传承的首要原则是尊重和保护非物质文化遗产。这包括尊重非遗的多样性、独特性和独特的创造力，以及保护非遗免受不利的环境和人为破坏。

尊重是非遗传承的核心价值观之一。尊重意味着对非物质文化遗产的价值、意义和表达方式表示认可和尊重，尊重传承者的权益和意愿。在传承和保护过程中，应尊重非物质文化遗产的多样性、地域性和民族性，尊重传承者的权威和传统知识。保护是非遗传承的首要任务。保护意味着采取措施来防止非物质文化遗产的损失、消失和破坏。这包括保护非物质文化遗产的物质和非物质形式，保护其传统技艺、知识和表达方式。保护也包括确保非物质文化遗产资源的可持续利用和管理，以确保其传承和发展。

2.传承与创新

非遗传承需要平衡传统的传承和创新的发展。传承是指将非遗的知识、技能和价值观代代相传，保持其独特性和连续性。创新是指在传承的基础上，适应时代需求和社会变革，使非遗与现代生活相适应。

传承是非遗传承的基础，强调对非物质文化遗产传统的保持和延续。传承原则要求尊重和理解非物质文化遗产的核心价值、知识和技艺，确保其传统形式和表达方式的传承。通过代际传承和学徒制度等方式，传承者可以获得传统知识和技艺，并将其传递给后代，以确保非物质文化遗产的连续性。创新是非遗传承的重要方面，指的是在传承过程中融入创新元素，使非物质文化遗产与现代社会相适应，产生新的表达方式和应用形式。创新可以是艺术表达的创新，技艺传承的改进，产品设计的创新等。创新有助于非物质文化遗产的传承与发展，在传统基础上创造出新的价值和意义，使其与当代社会的需求相契合。

3. 可持续发展

非遗传承应该与可持续发展目标相结合。这意味着在传承非遗的同时，要关注环境、经济和社会的可持续性。非遗的传承不应对环境造成破坏，而应该促进社会经济的发展和社会公平。可持续发展主要体现在以下四个方面：

一是非遗传承致力于保护和传承各地的非物质文化遗产，包括传统技艺、表演艺术、口述传统和习俗等。这种保护有助于维护文化多样性，确保各地独特的文化传统得以传承和发展。与此同时，保护文化多样性也是可持续发展目标之一，旨在促进各种文化形式的平等对待和共存，避免文化单一化和文化冲突。

二是非遗传承强调社区的参与和共同努力，涉及社区居民、传承人和相关利益相关者的合作。这种社区参与有助于增强社区凝聚力和认同感，并促进社会公正。可持续发展目标中的社会公正也追求社会各阶层的平等和包容，通过非遗传承的参与和共享，可以实现社区的可持续发展，促进社会的平衡和稳定。

三是非遗传承不仅涉及文化传统的保护，还包括传统技艺和工艺的发展和创新。通过将非物质文化遗产转化为有经济价值的产品和服务，可以为当地社区创造就业机会和经济增长。这与可持续发展目标中的经济发展和就业创造密切相关，为社区提供可持续的经济来源，提高居民的生活质量。

四是非遗传承与环境保护紧密相关，特别是与传统手工艺和农耕技术有关的非物质文化遗产。这些传统技艺通常与可持续的生产方式和资源利用有关，强调对环境的保护和可持续发展。通过传承和推广这些传统技艺，可以促进可持续的生产和消费模式，减轻环境负担，实现环境与经济的双赢。

二、非遗传承的路径

非遗传承的路径是一个复杂而多元的过程，涉及多方参与、多层次的措施和多维度的支持。以下将介绍非遗传承的路径，并探讨其中的关键要素和实践方法。

（一）文化政策和法律保护

非遗传承需要有明确的文化政策和法律保护。政府和相关机构应该采取积极的措施，制定和执行保护非遗的法律法规，并提供必要的经费和资源支持。

（二）传承者培养和教育

培养和教育新一代的传承者是非遗传承的重要路径。传承者需要接受系统的培训和教育，掌握非遗的技能和知识，并了解其背后的文化意义和价值观。

（三）社区参与和认同

社区参与和认同是非遗传承的核心路径。社区应该被视为非遗传承的主要参与者和推动者，他们应该参与决策过程、规划和实施非遗传承项目，并积极参与相关的活动和庆祝。

（四）跨界合作与交流

非遗传承需要促进跨界合作和交流，以便与其他领域的专业人士和机构合作。这可以引入新的视角和技术，促进非遗的发展和传承。

（五）数字技术和传播媒介

数字技术和传播媒介为非遗传承提供了新的机遇和路径。通过数字化记录、存档和传播非遗，可以扩大非遗的影响力和可见性，吸引更多的年轻人参与传承活动。

三、非遗传承的方法

非遗传承的方法多种多样，主要取决于具体的非物质文化遗产项目和传承的需求，涉及师徒传承、家族传承、社区传承、学校教育、研究机构参与以及现代技术应用等多个方面。在以下内容中，将详细介绍这些非遗传承的方法。

（一）师徒传承

师徒传承是非遗传承的经典方式，通过师傅与学徒的关系，将非遗技艺一代一代传承下去。师徒传承注重亲身示范和口述传授，通过师傅的指导和学徒的模仿，传递技艺的精髓和经验。

1. 传承师傅的选拔

在师徒传承中，传承师傅的选拔至关重要。师傅不仅需要具备扎实的非遗技艺，还需要具备传授技艺的能力和责任感。通常，传承师傅是经过严格筛选和评估的，他们具备丰富的经验和出色的技艺水平。

2. 学徒的拜师学习

学徒通过正式的仪式向师傅拜师学艺，这是师徒传承的重要环节。学徒需表达对师傅的尊敬和求教之意，并为传承技艺而努力学习。

3. 师徒相处和学习

师傅与学徒之间的相处非常重要，他们常在一起生活和工作。学徒通过观摩和模仿师傅的动作、姿态、技巧和心态来学习非遗技艺，同时师傅会逐步教授学徒更高级的技艺和精湛的细节。

4. 练习和实践

学徒需要进行反复的练习和实践，通过不断的实践来提升自己的技艺水平。师傅会指导学徒进行反复的训练，不断纠正错误，帮助学徒掌握非遗技艺的核心要点。

5. 传统仪式的传承

在一些非遗传承中，师徒传承还伴随着一些传统的仪式。例如，传统的手工艺品制作可能涉及特定的仪式和仪轨，师傅会将这些传统仪式传承给学徒，使其融入非遗技艺的精神和文化。

师徒传承的优势在于直接传递非遗技艺的精髓和经验，保证了技艺的准确传承。然而，师徒传承也面临着传承师傅数量不足、传承周期较长等问题，需要进一步完善和拓展。

（二）家族传承

家族传承是一种常见的非遗传承方式，特别适用于那些在特定家族中代代相传的非遗技艺。

1. 家族内部传承机制

在家族传承中，非遗技艺代代相传，成为家族的特有传统。家族成员从小接触和学习非遗技艺，通过家庭环境的熏陶和亲属关系的支持，逐渐掌握和传承技艺。家族传承强调血脉相承和家族凝聚力，有利于保持非遗技艺的纯正性和连续性。

2. 传统家族聚会与庆典

家族传承通常伴随着传统的家族聚会和庆典。家族成员会定期聚集在一起，共同庆祝和传承非遗技艺。在这些活动中，长辈会亲自示范非遗技艺，年轻一代则通过观摩和学习来传承非遗技艺。

3. 世袭传承

在一些家族中，非遗技艺由家族成员中的特定人物世袭传承。通常，这些家族成员会接受严格的培训和教育，成为家族传承非遗技艺的重要人物，并将技艺代代相传。

家族传承的优势在于保持了非遗技艺的家族特色和纯正性。然而，家族传承也面临着传承范围有限、家族内部纷争等问题，需要在传承过程中注重平衡和公正。

（三）社区传承

社区传承是指整个社区共同参与非遗传承的方式，通过社区内部的传承机制来保护和传承非遗技艺。

1. 社区组织与合作

社区传承依靠社区组织和合作来推动非遗技艺的传承和弘扬。社区组织可以设立非遗传承的相关机构，组织相关的培训班、展览和演出等活动，提供传承所需的场地和资源。

2. 传统节日与庆典

传统节日和庆典是社区传承非遗技艺的重要时机。社区会组织一些非遗相关的庆典和表演活动，吸引社区成员参与，从而传承和弘扬非遗技艺。

3. 社区非遗传承项目的培养和推广

社区传承项目通常涉及一系列的非遗技艺，社区会注重培养年轻一代的传承人，通过开设培训班和工作坊等形式，传授非遗技艺给有兴趣的社区成员。

社区传承的优势在于凝聚了社区成员的力量，形成共同参与和支持的氛围。然而，社区传承也需要注重社区成员的参与度和责任感，避免非遗技艺沦为纯粹的表面文化。

（四）学校教育

学校教育是一种正规的非遗传承方式，将非遗技艺纳入学校的教育体系，通过系统的教学和培训来培养新一代的非遗传承人。

1. 教育课程的设置

学校可以开设非遗相关的教育课程，将非遗技艺融入学校的课程体系中。这包括非遗技艺的理论知识、实践技能和相关的历史文化背景等方面的教学内容。

2. 师资培训与支持

为了有效开展非遗传承的学校教育，需要培养和支持专业的师资队伍。学校可以组织师资培训，提高教师对非遗技艺的理解和掌握，使其具备教授非遗技艺的能力。

3. 学校活动与展示

学校可以组织非遗技艺的展览、演出和比赛等活动，鼓励学生积极参与和展示自己的非遗技艺。这样有利于激发学生的兴趣和热情，提高他们对非遗传承的认同感。

学校教育的优势在于为更多的年轻人提供了学习和了解非遗技艺的机会，有利于培养新一代的非遗传承人。然而，学校教育也需要注意教学内容的选择和教学方法的创新，以提高学生的参与度和学习效果。

（五）研究机构的参与

专业的研究机构和保护组织在非遗传承中扮演着重要角色，通过对非遗项目的研究和保护工作，提供专业的指导和支持。

1. 研究和调查非遗项目

研究机构可以深入挖掘非遗的历史、文化背景和技艺特点，对非遗项目进行系统的研究和调查。这有助于保护和传承非遗技艺时的准确性和全面性。

2. 制定保护政策和措施

保护组织可以制定相关的保护政策和措施，确保非遗项目得到有效的保护和传承。这包括制定保护计划、建立保护机构、设立相关的法律法规等。

3. 提供专业指导和支持

研究机构和保护组织可以为非遗传承提供专业的指导和支持。他们可以组织专家论坛、举办研讨会和培训班等活动，促进非遗传承经验的交流和分享。

研究机构和保护组织的参与有助于提高非遗传承的科学性和规范性，促进非遗技艺的保护和发展。

（六）现代技术的应用

现代技术的应用为非遗传承带来了新的机遇和挑战，通过数字化、网络化和虚拟化等手段，可以拓宽非遗传承的路径和方式。

1. 数字化记录与存档

现代技术可以用于非遗项目的数字化记录和存档。通过影像、音频、文字等形式的记录，可以准确地保存和传播非遗技艺的核心内容和特点。

2. 在线教学与传播

互联网的普及为非遗传承提供了全新的传播渠道。通过在线教学平台、社交媒体和视频分享网站，可以实现非遗技艺的远程教学和传播，将非遗技艺推广到更广泛的受众。

3. 虚拟现实与增强现实

虚拟现实（VR）和增强现实（AR）技术可以创造出沉浸式的学习和体验环境，让学生更好地了解和体验非遗技艺。通过虚拟现实设备和应用程序，学生可以近距离观察和模拟非遗技艺的实践过程。

现代技术的应用为非遗传承提供了更广阔的发展空间，同时也需要注意技术的合理运用和平衡，避免非遗技艺的本质特点和精髓被简化或丢失。

综上所述，非遗传承的方法多种多样，包括师徒传承、家族传承、社区传承、学校教育、研究机构参与和现代技术应用等。这些方法相互补充和支持，共同促进非遗技艺的传承和发展。非遗传承需要全社会的关注和努力，保护和传承非遗技艺的重要性不可忽视，它代表了中华文化的根基和独特的精神财富。

第二节 | 非遗传承与品牌推广的融合

一、非遗品牌推广的概念

品牌推广是指通过一系列的策略和活动来提高消费者对特定品牌的认知、信任和忠诚度的过程。它旨在将品牌的价值和特点传达给目标受众，从而促使他们选择该品牌的产品或服务。非遗品牌推广是指通过各种营销和传播手段，将非物质文化遗产与商业运作相结合，推广和传播非遗文化，并将其转化为具有商业价值的品牌。非遗品牌推广的目的是提高非遗品牌的知名度、美誉度和市场份额，吸引更多的消费者关注和认可，促进非遗文化的传承和发展。非遗品牌推广主要包括以下三部分内容。

（一）非遗品牌建设

品牌推广的首要任务是建立一个强大的品牌。非遗品牌建设是将非物质文化遗产与商业运作相结合，通过品牌化的手段来推广、传承和保护非遗文化。非遗品牌的建设旨在将非遗技艺转化为商业价值，使之在市场中得以传承和发展，并为非遗传承者提供经济支持和社会认可。品牌建设涉及确定品牌的核心价值、个性、目标市场和定位，并通过各种策略和活动来传达和加强这些要素。

在非遗品牌建设过程中，需要注意以下几点。

1. 尊重非遗文化

非遗品牌建设要充分尊重和保护非遗技艺的独特性和传统价值，避免商业化过程中的过度商业化和文化侵蚀。

2. 与传承者合作

非遗品牌的建设应该与非遗传承者紧密合作，尊重他们的意愿和利益，确保他们能够从品牌建设中获得实际利益和认可。

3. 市场导向

非遗品牌建设需要充分考虑市场需求和消费者偏好，进行市场调研和分析，确保非遗产品和服务能够与市场需求相契合。

4. 创新与传统的结合

非遗品牌建设可以在传统非遗技艺的基础上进行创新，结合现代设计和技术，开发新的产品和应用，以满足现代消费者的需求。

非遗品牌建设的成功需要政府、企业、非遗传承者和消费者的共同努力和支持。政府应制定相关政策和法规，提供扶持和保护措施；企业应加强与非遗传承者的合作，注重产品质量和文化内涵；非遗传承者应积极参与品牌建设，传承和创新非遗技艺；消费者应关注和支持非遗品牌，传承和保护非遗文化。

非遗品牌的建设不仅有利于传承和保护非物质文化遗产，也为非遗传承者提供了经济收入和社会认可的机会。通过合理的品牌建设和推广，非遗品牌可以在市场中获得良好的竞争地位，吸引更多的消费者关注和认可，从而推动非遗文化的传承和发展。

（二）非遗品牌传播

品牌传播是将品牌信息传达给目标受众的过程。这可以通过广告、公关、促销、社交媒体、品牌大使和其他营销渠道来实现。品牌传播的目标是提高品牌知名度、塑造品牌形象并与消费者建立情感连接。非遗品牌传播是指通过各种渠道和媒介将非遗文化和非遗品牌的信息传递给目标受众，以提高品牌的知名度、美誉度和市场影响力。非遗品牌传播的目的是让更多的人了解、认知和关注非遗文化，同时推动非遗品牌的发展和市场拓展。

以下是一些常见的非遗品牌传播方法和策略。

1. 媒体宣传

通过与媒体合作，利用报纸、电视、广播等传统媒体渠道，以及新媒体平台如新闻网站、社交媒体等，发布非遗品牌的新闻稿、特写报道、专题节目等形式，向公众传递非遗文化和品牌信息。

2. 活动推广

举办各类非遗文化展览、展示活动、工艺体验活动等，吸引公众参与，让他们亲身体验和感受非遗技艺的魅力，同时向他们介绍非遗品牌的故事和产品。

3. 社交媒体营销

利用社交媒体平台如微博、微信、抖音等，建立非遗品牌的官方账号和社群，定期发布有关非遗文化和品牌的内容，与粉丝互动，引发讨论和分享，扩大品牌影响力和传播范围。

4. 线下推广

通过在商场、展会、文化节等地举办非遗品牌展销活动，设立品牌形象展示区，向消费者展示非遗产品的独特之处，提供购买和定制服务，加强与消费者的互动和沟通。

5. 品牌故事讲述

打造与非遗品牌相关的故事和传承历史，通过影像、文字、视频等形式讲述，让消费者了解品牌背后的文化内涵和价值，增加消费者的情感共鸣和认同感。

6. 合作推广

与其他品牌、机构、社群合作，开展联合推广活动，共同传播非遗文化和品牌信息，借助合作伙伴的资源和渠道，扩大品牌传播的覆盖面和影响力。

7. 传统媒介宣传

除了数字化媒体，传统媒介如印刷媒体、电视广告、户外广告等仍然具有一定的影响力，可以选择适合目标受众的传统媒介进行宣传和广告投放。

在非遗品牌传播过程中，关键的要素包括品牌定位和策略、传播内容的创意和精准定位、选择合适的传播渠道和媒介、与受众的互动与参与等。通过有效的传播手段和策略，非遗品牌可以在公众中建立起积极的形象和认知，促进非遗文化的传承和发展，实现非遗品牌的商业成功和文化价值的传承。

（三）品牌忠诚度

品牌推广旨在培养消费者对品牌的忠诚度。通过积极的品牌推广活动，消费者会对品牌产生认同感，从而增加品牌忠诚度，并倾向于选择该品牌的产品或服务。非遗品牌忠诚度是指消费者对非遗品牌的情感连接和长期忠诚度。它反映了消费者对品牌的认同程度、持续购买意愿以及对品牌的积极口碑传播。

以下是影响非遗品牌忠诚度的一些关键因素。

1. 品牌认知和认同

消费者对非遗品牌的认知程度和对其核心价值的认同是建立品牌忠诚度的基础。消费者对非遗文化的理解和认同，以及对品牌背后的故事、传承历史、独特工艺等方面的认知，会影响他们对品牌的忠诚度。

2. 产品质量和独特性

非遗品牌的产品质量和独特性是赢得消费者信任和忠诚度的重要因素。优质的非遗产品能够满足消费者的需求并提供独特的体验，使消费者感到满意并认为该品牌是可信赖的。

3. 情感共鸣和情感连接

非遗品牌通过品牌故事、文化传承等方式与消费者建立情感连接，使消费者产生情感共鸣。消费者对品牌背后的文化价值和历史传承产生共鸣，形成对品牌的情感认同和忠诚度。

4. 品牌体验和关系营造

非遗品牌可以通过提供独特的品牌体验、个性化的服务和关怀，建立与消费者之间的关系。良好的品牌体验和关系营造能够增强消费者的忠诚度，使其成为品牌的忠实支持者和传播者。

5. 品牌声誉和口碑

非遗品牌的声誉和口碑在忠诚度的形成过程中起着重要的作用。积极的口碑能够吸引更多的消费者关注和选择品牌，并对品牌的忠诚度产生积极影响。

6. 品牌沟通和互动

非遗品牌与消费者之间的沟通和互动也是建立忠诚度的关键。品牌可以通过定期的沟通、互动和参与活动等方式，增强与消费者的联系，建立稳固的品牌关系。

要提高非遗品牌的忠诚度，品牌管理者可以通过品牌营销策略、产品创新、品牌体验优化、关系维护和口碑管理等手段来加强消费者与品牌之间的连接和忠诚度。此外，建立长期的品牌传承计划和持续的品牌推广活动也是培养非遗品牌忠诚度的重要措施。

非遗传承与品牌推广之间存在密切的关系。非遗传承是保护、传承和弘扬人类非物质文化遗产的过程，而品牌推广是通过营销手段向公众传递特定产品或服务的价值与形象。在当今竞争激烈的市场环境下，将非遗与品牌推广相结合，不仅可以增加非遗的可见度和影响力，还可以为非遗传承带来更多的资源和机会。

二、非遗传承与品牌推广的相互促进

（一）非遗传承与品牌推广的共同目标

非遗传承与品牌推广都追求保护、传承和弘扬独特的文化价值。非遗传承的目标是确保非物质文化遗产得以传承和发展，保持其独特性和连续性。品牌推广的目标是通过塑造特定的品牌形象和价值观，吸引消费者的关注和认同。在这个意义上，非遗传承和品牌推广都致力于传达和传播特定文化的独特价值，增加公众的认同感和共鸣。

非遗传承与品牌推广虽然是两个不同的概念，但它们在实践中有着共同的目标，即保护、传承和推广非物质文化遗产，使其在当代社会中得到认可、发展和持久存在。以下是非遗传承与品牌推广的共同目标。

1. 保护非物质文化遗产

非遗传承和品牌推广的共同目标之一是保护非物质文化遗产。非物质文化遗产作为人类的独特财富，面临着失传的风险。非遗传承致力于传承和保存非遗技艺、传统知识和文化实践，而品牌推广通过提高非遗的知名度和认可度，促进对非遗的保护和重视。

2. 传承非遗技艺

非遗传承和品牌推广都致力于传承非遗技艺。非遗技艺是非物质文化遗产的核心，涵盖了口头传统、表演艺术、手工艺等多个领域。非遗传承通过培养、传授和传承人的选拔，确保非遗技艺的延续。品牌推广则通过品牌形象、宣传活动和市场推广等手段，将非遗技艺引入现代社会，吸引更多的受众和支持者。

3. 促进非遗的发展

非遗传承和品牌推广都致力于推动非遗的发展。非遗技艺需要与时俱进，与现代社会相融合，以适应不断变化的社会需求和市场环境。非遗传承通过创新和革新，使非遗技艺具有活力和竞争力。品牌推广则通过市场推广和商业化运作，提升非遗技艺的价值和影响力，为其发展创造更好的条件。

4.传播非遗文化

非遗传承和品牌推广共同致力于传播非遗文化。非遗文化是一个民族、一个地区的独特文化特征和传统智慧的体现。非遗传承通过教育、展览、演出等形式，向公众传递非遗文化的价值和内涵。品牌推广则通过品牌故事、宣传活动和社交媒体等渠道，向更广泛的受众传播非遗文化，增加公众对非遗的认知和理解。

综上所述，非遗传承与品牌推广虽然从不同的角度和手段出发，但它们的共同目标在于保护、传承和推广非物质文化遗产。通过合作与协调，可以实现更好地保护和传承非遗，促进非遗的发展与传播，使其在当代社会中发挥更大的作用。

（二）非遗传承对品牌推广的价值

非遗传承对品牌推广具有重要的价值，以下是一些与非遗传承相关的方面，对品牌推广的价值所在。

1.独特的文化内涵

非遗传承代表了一个地区或一个民族独特的文化内涵和传统智慧。这些独特的文化元素可以成为品牌推广的重要资源。品牌可以通过挖掘非遗传承中的文化元素，塑造独特的品牌形象和品牌故事，吸引消费者的关注和共鸣。

2.传统工艺和技艺的独特性

非遗传承涵盖了各种传统工艺和技艺，具有独特的制作方法和工艺技巧。这些独特性可以为品牌提供差异化竞争优势。品牌可以将非遗传承中的工艺技巧应用于产品设计和制作中，打造具有独特价值的产品，从而吸引消费者的兴趣和购买欲望。

3.文化认同与情感共鸣

非遗传承代表了一个社群或一个民族的历史和传统。品牌推广可以通过与非遗传承相关的故事、形象和价值观建立联系，引发消费者的文化认同和情感共鸣。消费者会因为与非遗传承相关的品牌产生情感联系，从而形成品牌忠诚度和口碑传播。

4.品牌的社会责任和可持续发展

非遗传承对于社会的可持续发展和文化多样性的保护具有重要意义。品牌可以通过与非遗传承合作，支持非遗传承项目的发展和保护，展示自己的社会责任，并在市场上树立积极的形象。这种社会责任和可持续发展的努力可以赢得消费者的好感和支持。

5. 增加品牌的影响力和认可度

通过与非遗传承相关的合作和活动，品牌可以提高自身的知名度和认可度。非遗传承作为文化遗产的象征，具有较高的社会价值和文化影响力。品牌与非遗传承的合作可以将品牌与这些积极的社会价值相联系，提升品牌的影响力和认可度。

总之，非遗传承对品牌推广具有重要的价值。非遗传承提供了独特的文化内涵、传统工艺和技艺的独特性，可以为品牌提供差异化竞争优势和品牌故事。同时，与非遗传承相关的合作和活动也可以增加品牌的社会责任形象和影响力，吸引消费者的关注和支持。品牌推广与非遗传承的结合可以实现双赢的局面，既促进了非遗的保护与传承，又增强了品牌的竞争力和市场影响力。

（三）品牌推广对非遗传承的促进

品牌推广在非遗传承方面具有多重促进作用，以下是一些品牌推广对非遗传承的促进。

1. 提升非遗知名度

品牌推广可以通过广告宣传、市场推广等手段，提高非遗技艺的知名度和曝光率。品牌的影响力和资源可以帮助非遗传承项目获得更多的关注和认可，使更多人了解和关注非遗技艺的传承工作。

2. 创造商业机会

品牌推广可以将非遗技艺引入商业化运作，为非遗传承提供商业机会。品牌推广活动可以提高非遗产品的市场认可度和销售量，促进非遗技艺的经济价值实现。通过品牌推广的力量，非遗传承项目可以发展出更多的商业合作和合作机会。

3. 扩大受众群体

品牌推广可以帮助非遗传承项目扩大受众群体。品牌的市场渠道和影响力可以将非遗技艺推广到更广泛的消费者群体中，吸引更多人参与和支持非遗传承项目。通过品牌推广的力量，非遗技艺可以跨越地域和文化的限制，获得更多的关注和认可。

4. 引入创新元素

品牌推广可以为非遗传承注入创新元素。通过品牌推广活动，可以将非遗技艺与现代设计、时尚潮流等相结合，创造出具有时代感和吸引力的产品和形象。这种创新元素可以吸引更多年轻人对非遗技艺的兴趣和参与，推动非遗传承的发展和创新。

5. 跨界合作与交流

品牌推广可以促进非遗传承与其他领域的跨界合作和交流。品牌的影响力和资源可以帮助非遗传承项目与设计师、艺术家、企业等进行合作，创造出更多有创意和商业价值的非遗产品和项目。通过与其他领域的交流合作，非遗传承可以获得更多的创新和发展机会。

总结起来，非遗传承与品牌推广之间存在着相互促进的关系。非遗传承通过品牌推广的手段，可以增加其可见度和影响力，获得更多的资源和机会。同时，品牌推广也可以通过与非遗传承的结合，传递文化价值，增加品牌的独特性和市场价值。品牌推广可以为非遗传承提供资源支持、平台展示和市场营销，促进非遗传承的发展和创新。另外，非遗传承对品牌推广的意义在于丰富品牌的文化内涵、赋予品牌情感共鸣和社会责任的形象，增加品牌的吸引力和社会认同。因此，非遗传承与品牌推广的结合是一种互利共赢的合作方式，可以促进非遗的传承与创新，同时增强品牌的文化价值和市场竞争力。

第三节 | 非遗传承与品牌推广的结合方式

要实现非遗传承与品牌推广的有效结合，可以采取以下方式。

一、建立合作伙伴关系

非遗传承机构和品牌可以建立合作伙伴关系，共同开展非遗传承与品牌推广的活动。合作伙伴关系可以为非遗传承者提供资源支持和市场渠道，为品牌提供独特的文化元素和故事。

确实，非遗传承机构和品牌之间的合作伙伴关系可以实现互利共赢，推动非遗传承与品牌推广的活动。非遗传承机构可以为品牌提供丰富的非遗文化资源，如技艺传承者、传统工艺品、历史文献等，以丰富品牌的文化内涵。品牌可以为非遗传承机构提供市场推广、品牌宣传和销售渠道等资源支持。

非遗传承机构和品牌可以共同开发非遗传统工艺品或将传统工艺运用到品牌产品中，创造出具有独特文化价值和商业竞争力的产品。这种合作可以提高产品的独特性和市场竞争力，同时也促进非遗传统工艺的传承和发展。

通过非遗传承机构和品牌之间的合作伙伴关系，可以实现资源共享、互补优势，提升品牌的文化内涵和价值，同时促进非遗传统文化的传承和发展。

二、整合品牌形象和非遗元素

品牌推广活动中融入非遗的元素和故事，将品牌形象与非遗文化相结合，打造独特的品牌形象和故事，增强品牌的独特性和情感共鸣。

整合品牌形象和非遗元素是将非遗文化融入品牌的重要方式，可以为品牌赋予独特的文化内涵和故事，增强品牌的吸引力和竞争力。

非遗元素可以是品牌文化的重要组成部分，反映品牌的传统、创新、优雅、人文等特质。可以通过采用传统图案、传统色彩、传统字体等，使标识展现出独特的文化特色，同时与品牌的核心业务和形象相协调。也可以将非遗元素应用于产品设计和包装中，以展现品牌的独特性和文化价值。可以融入传统图案、工艺元素、传统材料等，使产品具有非遗的独特魅力，并与品牌形成紧密的联系。通过品牌传播渠道、广告宣传等手段，传递品牌与非遗元素相结合的故事，提升品牌形象的文化价值。组织与非遗相关的活动和体验，让消费者能够亲身感受和参与非遗文化的传承和创新。例如举办非遗工艺展示、非遗体验活动等，让消费者深入了解和体验非遗文化，从而加深对品牌的认知和认同。通过社交媒体平台，积极传播品牌与非遗元素相结合的内容和故事。利用图片、视频、文字等形式，展示非遗传统工艺、传承者的故事、与非遗相关的活动等，吸引更多用户的关注和参与。

整合品牌形象和非遗元素需要在保持品牌独特性的同时，尊重和传承非遗文化的价值和精髓。通过巧妙的融合，品牌可以打造出独特而有吸引力的文化形象，吸引更多消费者的关注和认可，同时也为非遗文化的传承和发展做出贡献。

三、创意营销和体验活动

通过创意的营销策略和体验活动，将非遗元素融入品牌推广活动中。可以通过展览、演出、工作坊等方式，让消费者亲身体验和感受非遗文化，从而加深对品牌的认知和记忆。

创意营销活动通过独特的创意和互动性，吸引消费者的兴趣和参与度。例如，可以组织非遗主题的比赛或挑战，邀请消费者参与其中并展示他们的非遗技艺。此外，可以与艺术家、设计师或明星合作，推出限量版非遗产品或联名款，引起市场热议和关注。

体验活动让消费者有机会亲身感受非遗文化，增加他们与品牌的互动性和黏性。例如，可以组织非遗工艺的现场展示和教学活动，让消费者亲自参与并学习非遗技艺。此外，可以策划非遗文化之旅，带领消费者深入了解非遗的历史和背景，并与非遗传承者进行交流。

四、教育与宣传

开展相关教育与宣传活动，提高公众对非遗的认知和理解。品牌推广者可以与非遗传承机构合作，开展非遗教育项目，通过学校、社区等渠道传播非遗文化，同时与品牌形象进行关联。教育与宣传是非遗传承和品牌推广的重要手段，可以增加公众对非遗文化的认知和理解，提升品牌的知名度和影响力。以下是教育与宣传的几种常见方法。

（一）教育项目和培训课程

非遗传承机构和品牌可以合作开展非遗技艺的教育项目和培训课程。通过提供专业的培训和教育，传授非遗技艺的知识和技能，培养更多的非遗传承人和爱好者。这样不仅可以促进非遗技艺的传承，还可以为非遗品牌培养更多的忠实支持者和合作伙伴。

（二）文化活动和展览

组织非遗文化活动和展览是向公众传播非遗文化的重要途径。可以举办非遗技艺的演示表演、讲座和工作坊，让公众亲身体验和了解非遗技艺的魅力。同时，定期举办非遗文化展览，展示非遗技艺的历史、特色和创新，提高公众对非遗品牌的认知和兴趣。

（三）多媒体宣传

利用多媒体平台进行宣传是快速传播非遗文化和品牌形象的重要方式。可以制作宣传视频、纪录片、微电影等，通过视觉和音频的表现力，展现非遗技艺的魅力和独特之处。同时，在社交媒体平台上发布非遗相关的内容，与粉丝和关注者进行互动，传播非遗文化的知识和故事，引发公众的兴趣和参与的积极性。

（四）学校合作和社区活动

与学校和社区合作开展非遗教育和宣传活动，可以将非遗文化融入教育课程和社区活动中。可以与学校合作开设非遗技艺的选修课程，组织非遗展示和体验活动，引导学生和社区居民了解和传承非遗文化。

（五）媒体合作和报道

与媒体合作，进行非遗品牌的报道和宣传，可以扩大品牌的知名度和影响力。可以邀请媒体记者进行采访报道，分享非遗技艺的故事和传承人的经历，通过媒体传播非遗品牌的理念和价值观。

通过教育与宣传的方式，非遗传承和品牌推广可以获得更广泛的认知和支持，培养更多的非遗传承人和爱好者，传播非遗文化的魅力，促进非遗传承的发展和保护。

五、社会责任与可持续发展

品牌推广活动中强调品牌的社会责任和可持续发展。品牌可以与非遗传承机构合作，开展社会责任项目，关注非遗传承者的生活条件和福利，推动非遗的可持续发展。社会责任与可持续发展是非遗传承和品牌推广中不可忽视的重要因素。以下是社会责任与可持续发展的几个关键点。

（一）社会责任

非遗品牌在推广和传承的过程中应积极履行社会责任。这包括尊重和保护非遗传承者的权益，促进社会公平和包容，保护环境和资源，推动社会发展和改善社会福祉。品牌应当关注社会问题，参与公益活动，推动社会进步和可持续发展。

（二）文化保护与可持续发展

非遗传承和品牌推广应注重文化保护与可持续发展的平衡。保护非遗文化的传统与创新，传承核心技艺和价值观念，同时也要适应社会变革和市场需求，促进非遗产业的可持续发展。这包括探索新的市场机会，开拓创新的产品和服务，保护和传承非遗文化的同时实现经济效益和社会效益的双赢。

（三）可持续供应链管理

非遗品牌应关注供应链的可持续性。这包括确保原材料的合理采购和利用，关注生产过程的环境友好性和社会责任，建立透明和负责任的供应链管理体系。通过可持续供应链管理，非遗品牌可以提高品牌形象，增强消费者的信任和忠诚度。

（四）技术创新与数字化转型

非遗品牌在传承和推广的过程中应积极采用技术创新和数字化转型。这包括利用互联网和社交媒体平台进行宣传和销售，开发数字化的非遗产品和服务，提升品牌的竞争力和可持续发展能力。同时，也要注意技术创新对非遗传承的影响，确保技术的引入不损害传统技艺的核心价值。

通过社会责任和可持续发展的实践，非遗传承和品牌推广可以在保护非遗文化的同时，实现经济效益、社会效益和环境效益的协同发展。这种综合性的发展方式可以为非遗传承者提供更好的发展机会，为品牌构建可持续的竞争优势，同时也为社会和环境做出积极贡献。

第七章

临朐桑皮纸非遗传承与品牌推广的实践

第一节 ｜ 临朐桑皮纸品牌推广的目标

非遗品牌推广的目标是通过有效的策略和手段，提升非遗文化产品在市场中的知名度、认可度和影响力，以达到保护、传承和弘扬非物质文化遗产的目的。推广非遗品牌的意义在于传承和弘扬非遗文化，促进经济发展，增加就业机会，推动文化交流与合作，并塑造地域品牌形象。

临朐桑皮纸作为一项重要的非物质文化遗产，具有独特的历史价值和文化内涵。通过临朐桑皮纸品牌推广，将临朐桑皮纸的特点和优势传达给目标受众，提高其知名度、认可度和市场份额，促进销售和业务增长。

一、提高知名度

将桑皮纸品牌的知名度提升到更广泛的消费者群体中。让更多的人了解桑皮纸的特点、制作过程和文化背景。

（1）提高其知名度可以增加公众对其重要性的认知，引起更多人的关注和关心，从而保护和传承这一独特的传统技艺。

（2）通过扩大知名度，吸引更多人参与和了解临朐桑皮纸，促进文化多样性的传播和交流，增强国内外对中国传统文化的认知与理解。

（3）知名度的提升可以引起更多创意人才和设计师的关注，促进临朐桑皮纸与现代设计、艺术的融合，推动传统技艺的创新与发展。

（4）通过提高知名度，让更多人了解和认可临朐桑皮纸，可以增强当地居民对自己文化传统的自豪感和认同感，推动地方文化的传承与发展。

二、建立品牌形象

打造桑皮纸品牌的独特形象和故事，突出其传统、环保、高质量的特点，以吸引消费者的兴趣和共鸣。

（一）提升市场竞争力

建立良好的品牌形象可以提升临朐桑皮纸在市场上的竞争力。一个有吸引力和独特性的品牌形象能够吸引消费者的注意力，帮助产品与众多竞争对手区别开来，从而提高市场占有率和销售额。

（二）传递价值观和文化内涵

品牌形象是企业或产品传递价值观和文化内涵的重要方式。通过建立符合临朐桑皮纸核心价值的品牌形象，可以让消费者更好地理解和认同临朐桑皮纸所代表的文化传统、工艺精神和品质标准。

（三）建立信任与认可

良好的品牌形象能够建立消费者对临朐桑皮纸的信任和认可。通过提供高品质的产品和优质的服务，以及坚持传统制作工艺和文化保护，临朐桑皮纸能够赢得消费者的信赖，建立良好的口碑和品牌声誉。

（四）提升产品附加值

建立品牌形象有助于提升临朐桑皮纸产品的附加值。一个具有独特品牌形象的产品，其在市场上的认可度和价值感会更高，消费者愿意为其支付更高的价格，从而提升产品的利润空间。

（五）促进文化交流与传承

通过建立品牌形象，临朐桑皮纸能够更好地参与国内外的文化交流与传承。一个有影响力和知名度的品牌形象可以吸引更多合作伙伴和文化机构的关注与合作，促进技艺的传授与推广，为临朐桑皮纸的传统技艺和文化内涵赋予更广泛的影响力。

三、提升认可度

增加消费者对桑皮纸品牌的认可度，让其成为消费者心目中高品质、可靠的选择。

（一）提升经济价值

认可度的提高对于临朐桑皮纸的经济价值也非常重要。当临朐桑皮纸在市场上享有较高的认可度时，它的产品将具有更高的品牌溢价和附加值，能够获得更好的市场价格和销售回报，为相关产业的发展提供更大的动力。

（二）文化自信和身份认同

临朐桑皮纸的认可度提高，对于当地居民和相关从业者来说，也具有重要的文化自信和身份认同的意义。当临朐桑皮纸得到更多人的认可和赞赏时，将增强当地居民对本土文化的自豪感和认同感，促进地方文化的传承和发展。

四、扩大市场份额

增加桑皮纸产品的销售量和市场份额，提高品牌在行业中的竞争力和地位。

（一）促进产业发展

市场份额的扩大意味着销售额的增加和收入的增长，对于相关产业的经济发展具有积极的影响。临朐桑皮纸作为一种传统工艺品，通过扩大市场份额，可以刺激生产和就业，提供更多的经济机会和福利。

（二）利于传承与保护

扩大市场份额可以带动更多的人参与到临朐桑皮纸的传承与制作中。随着市场需求的增长，传承者和从业者将受到更多的激励和机会，促进技艺的传承和保护。

（三）利于创新与发展

扩大市场份额为临朐桑皮纸的创新与发展提供了机会。随着市场需求的扩大，临朐桑皮纸可以在设计、工艺和应用领域进行更多的创新和探索，满足不同消费者的需求，提高产品的竞争力和附加值。

（四）助推地方经济推动

临朐桑皮纸的市场份额扩大将直接促进当地经济的发展。作为地方的独特产业，临朐桑皮纸的发展将带动相关产业链的发展，吸引更多的投资和资源，增加就业机会，提升地方的经济活力。

第二节 | 市场定位与目标受众分析

在进行临朐桑皮纸品牌推广时，市场定位和目标受众分析是非常重要的步骤。通过明确定位和深入了解目标受众，可以更有效地制定推广策略和传递品牌信息。

一、市场定位

手工桑皮纸作为一种特殊的手工艺品，具有独特的质感、纹理和传统制作工艺，与机器生产的纸张有明显的区别。通过市场定位，可以强调手工桑皮纸与其他纸张产品的差异化竞争优势，突出其独特性和高品质，吸引消费者的关注和认可。同时，市场定位可以帮助人们更好地了解目标消费者的需求、偏好和购买行为。通过深入研究目标市场的消费者群体，可以精确把握他们对手工桑皮纸的需求和价值观，定制符合他们需求的产品和服务，提高满意度和购买意愿。

市场定位有助于塑造手工桑皮纸的品牌形象和特点。通过明确定位，我们可以更准确地传递手工桑皮纸的品牌理念和价值主张，形成独特的品牌形象，增加品牌认知度。消费者对手工桑皮纸的独特性和传统工艺的认知有助于建立品牌的信任度和声誉。

（一）传统与现代结合

临朐桑皮纸品牌可以定位为传统工艺与现代设计的结合，强调临朐桑皮纸作为一种传统材料的独特性和文化价值，同时注重产品的创新和现代感。

（二）环保与可持续发展

将临朐桑皮纸品牌定位为环保、可持续发展的选择。强调桑皮纸作为一种天然、可回收的材料，与环保意识和可持续生活方式相契合。

（三）手工艺与独特性

突出临朐桑皮纸的手工制作工艺和独特性。强调每个产品都是由工匠手工制作而成，注重细节和个性化，与大批量生产的商品有所区别。

市场定位可以为产品的创新和发展提供方向和动力。通过了解市场需求和竞争情况，可以发现市场空白和机会，创新手工桑皮纸的设计、材料、用途等方面，提供更多选择和价值，满足消费者的多样化需求。手工桑皮纸市场定位的意义在于明确产品定位、满足消费者需求、提高品牌认知度、寻找目标市场和客户群体，以及促进产品创新和发展。通过有效的市场定位，手工桑皮纸可以在竞争激烈的市场中找到自己的定位，建立起独特的品牌形象和市场地位。

二、目标受众分析

目标受众分析可以帮助人们了解不同人群对临朐桑皮纸产品的需求和喜好。通过分析目标受众的特点、兴趣和消费习惯，可以更准确地定位市场需求，开发出符合目标受众需求的产品，提高产品的竞争力和市场占有率。目标受众分析为我们提供了针对不同人群的营销策略和传播渠道的依据。通过了解目标受众的喜好和购买行为，可以制定有效的市场推广计划，选择合适的媒体渠道和推广活动，提高品牌知名度和认可度，吸引目标受众的关注和购买意愿。

（一）文化艺术爱好者

桑皮纸作为一种传统艺术品，对于对文化艺术感兴趣的消费者具有吸引力。这些消费者通常对手工艺品和传统工艺有独特的欣赏和追求。

（二）环保倡导者

注重环境保护和可持续发展的消费者可能对桑皮纸品牌产生兴趣。他们倾向于选择环保材料和可持续生活方式，桑皮纸作为一种天然、可回收的材料符合他们的价值观。

（三）设计师和艺术家

对于设计师和艺术家来说，桑皮纸可以成为创作的材料之一。其独特的质感和纹理能够为他们的作品增添特色和个性。

（四）礼品和手信购买者

桑皮纸制作的产品可以作为独特的礼品或手信赠送。旅游目的地附近的游客和寻找特色礼品的消费者可能对桑皮纸品牌产生兴趣。

（五）文化旅游市场

桑皮纸品牌可以在文化旅游市场中定位。吸引国内外游客参观品牌工坊、体验桑皮纸制作过程，并购买相关产品作为旅行纪念品。

通过对目标受众分析，可以更好地了解哪些人群对桑皮纸具有较高的关注度和认知度。针对这些目标受众，人们可以有针对性地开展品牌推广活动，提升桑皮纸的品牌认知度。通过有效的推广手段和传播渠道，可以让更多的人了解和认同桑皮纸的特点和价值，增加潜在客户群体和市场份额。

第三节 ｜ 临朐桑皮纸品牌推广的策略

临朐桑皮纸在非遗传承人和地方政府的共同努力下，这一濒临失传的古老技艺得以传承。2020 年 12月，山东经贸职业学院主持建设的"临朐桑皮纸技艺传承与品牌推广创新平台"立项山东省职业教育技艺技能传承创新平台，如图 7-1 所示。

立项以来，山东经贸职业学院探索"1+3"模式，即以"临朐桑皮纸技艺传承与品牌推广创新平台"为依托，通过开发文化创意产品、

图7-1 临朐桑皮纸技艺传承与品牌推广创新平台启动会

打造 IP、强化文旅融合，以职教力量助力非遗打破圈层，与更多热爱者相遇，带动活态传承和三产融合发展，临朐桑皮纸这一古老技艺重新焕发了勃勃生机。

一、品牌文化与传承

通过讲述桑皮纸的历史和传统制作工艺，让消费者了解其独特的文化背景和价值，建立品牌与传统文化的联系。品牌故事和文化传承是桑皮纸品牌推广中非常重要的一部分。通过讲述品牌故事和强调文化传承，可以赋予桑皮纸品牌更多

的情感内涵和独特性，吸引消费者的兴趣和认同感。临朐桑皮纸在品牌故事和文化传承方面主要做法有以下几点。

（一）强调传统工艺和历史背景

品牌故事可以侧重于桑皮纸的传统制作工艺和历史背景，如图7-2。通过描述桑皮纸的独特工艺和源远流长的历史，让消费者了解桑皮纸的独特价值和文化传统。

一是临朐桑皮纸强调传统制作工艺的保留和传承。通过将古老的制作工艺代代相传，临朐桑皮纸确保了其制作的纸张质地、色泽和手感与传统工艺相符。这包括原始的桑皮的收集、晾晒、蒸煮、捣浆、捞纸等工序，以及使用特定的工具和技巧制作纸张的过程。

二是临朐桑皮纸提供传统工艺的展示和体验活动，使公众能够亲身参与和了解纸张的制作过程，如图7-3所示，非遗传承人连恩平设

图7-2　临朐桑皮纸制作流程图

计的捞纸体验工具，可以现场体验手工捞纸，趣味性十足。通过观察工匠的操作和技艺，参与纸张的制作过程，公众可以深入了解临朐桑皮纸的传统工艺和工艺精神。

（二）文化符号和象征

将桑皮纸与特定的文化符号和象征联系起来，强调其与特定地域、民族或价值观的关联。这样可以使消费者在购买桑皮纸产品时，感受到一种连接和归属感。

临朐因深厚的文化底蕴和繁荣的书画市场被誉为"中国民间书画之乡"和"中国书法之乡"，这种双料荣誉在全国县级市县很罕见，临朐所在的潍坊市又是"世界风筝都"，书画

图7-3　连恩平设计的桑皮纸手工捞纸体验工具

来源：临朐县桑皮纸技艺传习所提供

墨香伴彩鸢飞舞，可谓彩凤双翼，山东省级非物质文化遗产临朐桑皮纸恰恰又与此有着血肉联系，互相成就，穿越千古风尘，一步步走向未来。

（三）传承故事和师徒传承

强调桑皮纸制作技艺的传承过程和师徒关系。通过讲述传统工匠的故事，传递桑皮纸代代相传的精神和价值观，增加消费者对品牌的认同感。通过申报省级非遗传承人，梳理了临朐桑皮纸传承谱系。

（四）社会责任和环保理念

传统手工造纸对于环境具有污染性，这也是手工造纸作坊发展受到限制的原因之一。作为非遗以及传承和保留下来的临朐桑皮纸要突出品牌在保护环境和可持续发展方面的努力和承诺。强调桑皮纸作为天然、可回收、低碳排放的环保材料，传递品牌的环保理念和社会责任。如桑皮纸为原料制作的桑皮壁纸。

（五）创新与传统的结合

讲述品牌如何将传统的桑皮纸工艺与现代设计、创新技术相结合，创造出具有现代感和时尚性的产品。这种结合既能保持传统工艺的独特性，又能吸引年轻一代消费者的兴趣。

二、产品差异化与创新

开发创新的桑皮纸产品，结合现代设计和需求，使其在外观、用途或功能上具有差异化优势，吸引更多消费者的注意。在非遗品牌推广中，产品差异化和创新是非常重要的策略，可以帮助品牌在竞争激烈的市场中脱颖而出。以下是关于临朐桑皮纸非遗品牌推广中产品差异化和创新的一些做法。

（一）突出独特性

非遗项目通常具有独特的历史、文化和制作工艺，通过产品差异化和创新，可以突出其独特性，与其他产品区分开来，吸引消费者的兴趣和好奇心。

（二）提升竞争力

市场上存在许多类似的非遗产品，通过差异化和创新，可以为品牌带来竞争优势。通过提供与众不同的产品，品牌能够吸引更多的消费者和潜在客户。

（三）创造新市场机会

产品差异化和创新可以帮助品牌创造新的市场机会。通过与现代设计、新材料或功能的结合，可以开拓新的消费群体和市场领域，扩大品牌的影响力和市场份额。

例如开发桑皮壁纸，因为桑皮纸具备千年不腐的特性深受人们的喜爱。它的韧性和拉力也是其他纸不能比的。据记载，古代就用桑皮纸糊顶棚、糊暖阁、糊窗户等，有一千多年的沿用历史。但现在传承的桑皮纸不能直接运用于现代生活的家装需求，为更好地让这项非遗产品融入现代生活，我们利用桑皮纸的优良特性结合研发创新出适用现代生活家装需求的桑皮纸墙纸系列。用糯米胶或者糨糊来进行粘贴！无任何空气和放射性污染，而且原生桑皮纤维还有吸附过滤空气的作用，真正的绿色健康原生态，桑皮墙纸原料选用纯天然的植物桑皮纤维，现分别开发出纯桑皮、麻丝、红花、椒房四个系列。使这种纯天然壁纸不仅仅停留在无任何污染绿色健康的基础上，而是加入其他天然植物成分，壁纸散发的天然植物香味具备保健养生的功效，适应现代人追求大健康的养生理念。

目前开发的几种桑皮壁纸如下：

红花桑皮壁纸：红花，是菊科植物，在普通桑皮纸制作过程中掺入少量红花，制作的桑皮壁纸非常好看，纹理清楚，红花明暗起伏，有很好的立体感，红花可挑出来，在造纸过程中加入，不是印制而成，如图 7-4 所示。

椒房桑皮壁纸：椒房殿是中国古代传统宫殿建筑，在西汉都城长安城内，属未央宫建筑群，是皇后所居之所。之所以命名为椒房殿是因为宫殿的墙壁上使用花椒树的花朵所制成的粉末进行粉刷。颜色呈粉色，具有芳香的味道且可以保护木质结构的宫殿，有防蛀虫的效果。又一说，是因为椒者，多籽。取其"多子"之意，故曰："椒房殿"。

麻丝桑皮壁纸：麻丝（黄麻纤维）是

图7-4 红花桑皮壁纸
来源：临朐桑皮纸抖音商城

一种天然的植物纤维，耐腐蚀、可生物降解、抗拉强度高、壁纸纹理非常漂亮。

（普通）桑皮壁纸：桑皮具有一定的药用价值，纸浆中加入桑皮纤维，泻肺平喘、行水消肿（图7-5）。

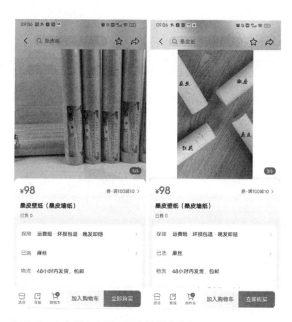

图7-5　电商平台上用于销售的桑皮壁纸

三、媒体宣传与社交媒体营销

通过媒体渠道、报纸杂志、电视节目等进行宣传报道，提高桑皮纸品牌的曝光度。同时，通过社交媒体平台，与消费者进行互动和交流，传递品牌信息，提高品牌的社交影响力。桑皮纸的媒体宣传和社交媒体营销是推广桑皮纸品牌的重要手段。以下是关于临朐桑皮纸的媒体宣传和社交媒体营销的一些做法。

（一）媒体宣传

1. 新闻稿和媒体报道

编写具有新闻价值的新闻稿，向媒体发送桑皮纸品牌的相关信息和故事，如图7-6所示。争取媒体报道，包括报纸、杂志、电视台和在线媒体等。这将帮助扩大品牌的曝光度和知名度。

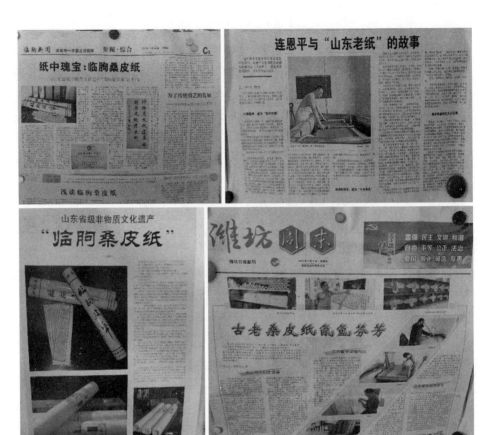

图7-6　部分关于临朐桑皮纸的报刊报道
来源：《潍坊晚报》等

2. 品牌故事讲述

准备好品牌故事的讲述稿，向媒体和公众传递桑皮纸品牌的背景、文化价值和创新亮点。通过讲述品牌故事，引起人们的兴趣和共鸣。如图7-7所示，临朐桑皮纸曾上过中央电视台七套《乡土》节

图7-7　临朐桑皮纸登陆央视《乡土》栏目

目，详细介绍了临朐桑皮纸的故事，对临朐桑皮纸品牌传播影响极大。

3. 案例分享

与媒体分享与桑皮纸相关的成功案例，展示桑皮纸在不同领域和用途中的价值和应用。通过发布案例研究、合作项目报道或客户故事等方式实现。自2021年，两年期间，团队在新华社《半月谈》《大众日报》《中国教育报》等刊物发表桑皮纸相关文章20余篇（图7-8）。

图7-8　新华社《半月谈》关于临朐桑皮纸的报道

4. 媒体合作和赞助

与相关媒体进行合作或赞助活动。可以考虑与文化、艺术或环保类媒体进行合作，共同推动桑皮纸品牌的宣传和传播。

（二）社交媒体营销

1. 社交媒体平台选择

确定适合桑皮纸品牌的社交媒体平台，并建立品牌的社交媒体账号。常见的平台包括微博、微信、抖音、快手等。临朐桑皮纸在抖音平台建立了账号，其中一个仅11秒的展示古法捞纸的视频，短短时间内就获得了8000多点赞，如图7-9所示，说明当代年轻人对于古代传承的手艺比较感兴趣。

2. 内容策略

制订有吸引力的内容策略，包括发布桑皮纸制作过程、创意，以吸引和留住受众。

3. 视频和图像营销

利用视觉内容，如照片和视频，展示桑皮纸的独特魅力和制作过程。通过精美的图片和吸引人的视频内容，吸引用户的注意力和兴趣，如图 7-10 所示，山东经贸职业学院临朐桑皮纸运营团队在拍摄视频素材。

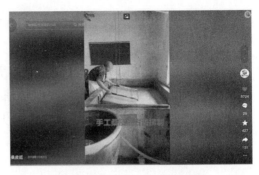

图7-9　临朐桑皮纸在抖音上展示古法捞纸

4. 社交互动

积极与用户互动，回复评论、提问和私信。与用户建立互动和沟通，增加用户参与度和品牌认同感。

图7-10　临朐桑皮纸新媒体运营团队在拍摄视频素材

5. 社交广告

考虑在社交媒体平台上进行付费广告推广。通过定向广告，将品牌信息传达给潜在客户和目标受众。

6. KOL 合作

与社交媒体上具有影响力的关键意见领袖（KOL）合作，让他们体验和推荐桑皮纸产品。他们的推荐和分享将帮助扩大品牌的影响力和知名度。

7. 活动和赛事营销

利用社交媒体平台宣传和推广品牌参与的活动和赛事。分享参与活动的照片、视频和用户反馈，增加品牌的曝光度和参与度。

以上是关于临朐桑皮纸的媒体宣传和社交媒体营销的一些做法。需要根据品牌的特点和目标受众的喜好，制定适合的推广策略，并不断跟踪和评估推广效果，以优化营销活动。

四、参加展览与活动

通过参加相关的展览、艺术展、手工艺市集等活动，展示临朐桑皮纸的独特魅力和制作过程，吸引目标受众的注意和兴趣。临朐桑皮纸参与展览和活动是推广品牌、增加知名度以及与目标受众互动的重要途径。以下是临朐桑皮纸参与的一些展览和活动。

（一）参加艺术与文化展览

寻找与桑皮纸相关的艺术与文化展览，并积极参与。可以展示桑皮纸制作的作品、产品或与桑皮纸相关的创意艺术品，以展示品牌的独特性和创新。2022 年 6 月 10 日，"山东手造·潍有尚品"优选 100 暨潍坊市"文化和自然遗产日"启动新闻发布会举办。由临朐桑皮纸技艺传承与品牌推广创新平添推荐的临朐桑皮纸作品"左伯纸笺"成功入选（图 7-11）。

此次评选活动由潍坊市委宣传部指导，市文化和旅游局、市工业和信息化局、市人社局、市农业农村局、市商务局、市市

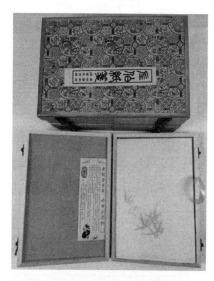

图7-11 临朐桑皮纸作品"左伯纸笺"

场监督管理局主办。据悉，"山东手造·潍有尚品"优选 100 评选活动共收到来自全市高职院校、大型企业、文创公司、工作室、传承人等报送的 600 余件参赛作品，最终选取了能够代表潍坊文化特色和手造产业发展的 100 件作品。

（二）手工艺品展销会

参加手工艺品展销会或市集，将桑皮纸制作的产品展示给潜在客户和目标受众。这些活动通常吸引对手工艺品和传统工艺有兴趣的消费者，是推广桑皮纸品牌的好机会。

（三）主办品牌活动

组织或主办桑皮纸品牌活动，如工坊、讲座、研讨会或主题展览等。通过亲

身参与桑皮纸制作过程的体验，让参与者更深入了解桑皮纸的特点和价值，并与品牌建立情感联系。

（四）合作项目与活动

与相关行业、品牌或组织进行合作项目或活动。例如，与艺术家、设计师、文化机构或环保组织合作，共同推广桑皮纸的应用和创新。

（五）参加行业展会

参加与手工艺品、纸张或文化遗产相关的行业展会。这些展会通常吸引来自国内外的专业人士和买家，提供了展示和推广桑皮纸品牌的机会。

（六）桑皮纸主题活动

策划针对桑皮纸的主题活动，如桑皮纸艺术展、桑皮纸工艺比赛或桑皮纸文化节等。通过聚集相关从业者、爱好者和消费者的兴趣，营造一个专注于桑皮纸的活动氛围（图7-12）。

图7-12　以临朐桑皮纸产品参加互联网+创新创业大赛

参与展览和活动可以为临朐桑皮纸品牌带来曝光度、增加认可度和建立品牌形象的机会。通过展示产品、分享品牌故事和与目标受众互动，可以促进品牌认知和用户参与度的提升。同时，展览和活动也为桑皮纸品牌与相关行业合作伙伴建立合作关系和拓展市场提供了平台（图7-13）。

图7-13　举行校园"纸文化"创意设计大赛，部分设计作品和获奖学生
来源：王坤拍摄

五、合作与联名

与其他相关行业的品牌或设计师进行合作与联名，推出联合设计的桑皮纸产品，借助其影响力和受众群体，拓展品牌的市场影响力。临朐桑皮纸的合作与联

名是一种有效的品牌推广和市场拓展策略。通过与其他品牌、设计师、艺术家或文化机构的合作，可以实现资源共享、创新融合和目标受众的拓展。以下是关于临朐桑皮纸的合作与联名的一些做法。

（一）与设计师或艺术家的合作

寻找具有创意和品位的设计师或艺术家，共同开发以桑皮纸为材料的创意产品或艺术品。他们的独特视角和创意能够为桑皮纸注入新的灵感和时尚元素，吸引更广泛的消费者群体。临朐桑皮纸就与潍坊风筝、杨家埠木版年画、高密剪纸、高密扑灰年画等非遗技艺传承大师合作开发了一批创意产品，如连恩平与潍坊风筝国家级非遗传承人联合制作的桑皮纸风筝——金陵十二钗，选材讲究、造型优美、扎糊精巧、形象生动、绘画艳丽，堪称一套精美艺术品，具有很高的收藏价值（图7-14）。

图7-14　桑皮纸风筝——金陵十二钗之巧姐与林黛玉

（二）跨界合作

与其他行业的品牌进行跨界合作，例如与时尚品牌、家居品牌或生活方式品牌合作。通过将桑皮纸与其他材料、设计或领域结合，创造出独特的产品和体验，吸引不同领域的消费者群体。

（三）文化机构的合作

与文化机构、博物馆或艺术机构合作，共同策划桑皮纸相关的展览、活动或教育项目。通过与文化机构的合作，可以增加桑皮纸品牌的专业性和认可度，同时拓展目标受众。

（四）联名产品推出

与知名品牌或设计师联名推出限量版或特别版的桑皮纸产品。这种合作可以吸引双方品牌的忠实粉丝和收藏家，为品牌带来更高的曝光度和市场价值。

（五）共同营销活动

与其他品牌进行共同营销活动，例如合作举办展览、推出限时促销或组织联合宣传活动。通过共同营销，可以扩大品牌的影响力、吸引更多目标受众，并实现互惠共赢的效果。

在进行合作与联名时，品牌需要确保合作伙伴与自身品牌理念和目标受众相契合，共同创造出有独特性和共享价值的合作作品。通过合作与联名，桑皮纸品牌可以获得更广泛的曝光度、增加创新力和吸引力，以及拓展市场和目标受众的机会。

六、教育与培训

开设桑皮纸制作的培训班或工作坊，吸引对手工艺感兴趣的人群，传承桑皮纸制作技艺，增加对桑皮纸品牌的认知和支持。桑皮纸非遗传承教育和培训对于保护和传承桑皮纸的技艺和文化意义至关重要。以下是关于临朐桑皮纸非遗传承教育和培训的一些做法。

（一）学校课程与教育机构合作

与学校和教育机构合作，将桑皮纸的制作技艺纳入课程内容中。可以与美术学校、手工艺教育机构或文化机构合作，开设桑皮纸相关的工作坊、课程或研修班。通过教育机构的支持，将桑皮纸的传统技艺融入教育体系，培养年轻一代对桑皮纸的认知和兴趣。

（二）传承师傅培训计划

建立传承师傅培训计划，将桑皮纸的制作技艺传授给有潜力和热情的年轻人。通过传统的师徒制度，培养一批具备专业技能和文化传承意识的桑皮纸制作师傅，确保技艺的传承和发展（图7-15）。

（三）桑皮纸工艺研修班

定期组织桑皮纸工艺研修班，面向社

图7-15　临朐桑皮纸研学旅行

来源：史严梅拍摄

会公众和爱好者开放。依托临朐桑皮纸技艺传承与品牌推广创新平台，两年内举办了 20 余期研学旅行，超过 300 名师生现场体验和感受桑皮纸制作的基础知识和实践技能，并了解其文化背景和历史意义。

（四）文化活动与工作坊

组织桑皮纸文化活动和工作坊，邀请专业人士和传统师傅分享桑皮纸的历史、技艺和创作。这样的活动可以提供一个交流与学习的平台，让人们深入了解桑皮纸的魅力和价值。

（五）数字化教育资源

开发桑皮纸的数字化教育资源，包括在线教程、视频教学、虚拟展览等。通过互联网和多媒体技术，将桑皮纸的制作过程和文化知识呈现给更广泛的受众，促进非遗传承的传播和可持续发展。

（六）临朐桑皮纸大师工作室

建立专门的临朐桑皮纸大师工作室，致力于桑皮纸的研究、传承和推广。这样的机构可以提供更深入的研究和学术交流平台，培养专业人才，推动桑皮纸的传承和创新，如图 7-16 所示。

图7-16　临朐桑皮纸技艺传承与品牌推广创新平台实践活动

实践活动文案举例

青春，能有多少模样？热爱，让传统文化在传承中生生不息。

跨越千年，临朐桑皮纸风采不减而芳华依旧。文化有传承，使命有担当，"千年老纸"临朐桑皮纸对话新时代；以和合之力，展非遗之美，用工匠精神续文化命脉。技艺虽繁，必不敢忘初心而省人工，百搓千搨，虽经万折而不损其风骨。新时代青年已在新的赛道上接棒上场，他们心中有梦、眼里有光，风华正茂、朝气蓬勃。走近临朐桑皮古纸，与时代接轨跨界融合，打造非遗桑皮纸文化综合服务平台，与非遗传承人连恩平一起助力古法文明传承。

通过桑皮纸非遗传承教育和培训，可以传承桑皮纸的独特技艺和文化价值，培养新一代的传承人和爱好者，促进桑皮纸文化的传播和发展。同时，教育和培训也能增加人们对桑皮纸的认知和尊重，加强对非遗文化的保护和支持（图7-17）。

图7-17 连恩平向研学学生演示捞纸技艺

七、用户体验与口碑营销

提供优质的产品和服务，使消费者得到良好的使用体验。通过口碑传播和用户评价，树立品牌的信誉和口碑。桑皮纸客户体验和口碑营销是桑皮纸品牌推广中至关重要的方面。通过提供卓越的客户体验和积极的口碑传播，可以有效地吸引新客户、增加忠诚度，并促使现有客户成为品牌的忠实倡导者。以下是关于临朐桑皮纸客户体验和口碑营销的一些做法。

（一）产品质量和创新

确保桑皮纸产品的质量和创新性，以满足客户的需求和期望。不断推陈出新，引入新的设计、工艺和应用，保持与时俱进，给客户带来新鲜感和惊喜。

（二）个性化定制

提供个性化定制服务，根据客户的需求和喜好，量身定制桑皮纸产品。通过与客户的沟通和理解，提供独一无二的产品和体验，增加客户的满意度和忠诚度。

（三）顾客服务和沟通

建立良好的客户服务体系，及时回复客户的咨询和反馈，解决问题和提供支持。与客户保持密切的沟通，建立良好的关系，增强客户的参与感和忠诚度。

（四）线下体验空间

建立线下的桑皮纸体验空间或品牌门店，让客户亲身感受桑皮纸的质感和独特之处。在体验空间中展示桑皮纸制作的过程、产品和艺术品，提供互动和参与的机会，加深客户对桑皮纸品牌的认知和情感连接。

（五）用户生成内容

鼓励用户生成内容，如用户分享使用桑皮纸产品的照片、视频、评论或故事。通过用户生成的内容，展示客户对桑皮纸的喜爱和创意应用，增强品牌的可信度和吸引力。

（六）激励计划和推荐奖励

设立激励计划和推荐奖励机制，奖励忠实客户和品牌倡导者。例如，提供优惠折扣、会员福利、特别活动邀请等，激励客户继续支持品牌并推荐给他人。

通过关注客户体验和口碑营销，桑皮纸品牌可以建立良好的品牌形象、增加客户的忠诚度，并扩大品牌的影响力和市场份额。积极的口碑传播能够有效地推动品牌的知名度和认可度，吸引更多潜在客户的关注和选择。

总之，桑皮纸品牌推广的目标是提高知名度、建立品牌形象、提升认可度和扩大市场份额。策略包括品牌故事和文化传承、产品差异化和创新、媒体宣传和社交媒体营销、参与展览和活动、合作与联名、教育和培训，以及客户体验和口碑营销。通过综合运用这些策略，可以有效推广桑皮纸品牌，提升其市场竞争力和影响力。

第八章

临朐桑皮纸非遗传承与品牌推广的政策建议

非遗传承与品牌推广的管理机制是确保非遗传统得以保护和传承，同时实现品牌推广和商业发展的重要手段。桑皮纸制作工艺非遗传承与品牌推广的管理与政策支持管理与政策支持在非遗传承与品牌推广中具有重要意义，它保护临朐桑皮纸这一非物质文化遗产，明确保护范围、标准和措施，确保非遗文化得到妥善保护。同时，它促进传承与创新，为传承者提供机会和支持，推动传统技艺的发展。此外，它推广非遗品牌，提升知名度和影响力，促进社会经济发展，创造就业机会和改善民众生活水平。最重要的是，它传播文化认同与跨文化交流，展示独特的文化符号和价值观，加强文化认同感。

第一节 | 非遗传承与品牌推广的管理机制

2005 年《国务院办公厅关于加强我国非物质文化遗产保护工作的意见》提出的工作原则：政府主导、社会参与，明确职责、形成合力；长远规划、分步实施，点面结合、讲求实效。2021 年中共中央办公厅、国务院办公厅印发《关于进一步加强非物质文化遗产保护工作的意见》提出工作原则：坚持党对非物质文化遗产保护工作的领导，巩固党委领导、政府负责、部门协同、社会参与的工作格局；坚持马克思主义祖国观、民族观、文化观、历史观，铸牢中华民族共同体意识；坚持以人民为中心，着力解决人民群众普遍关心的突出问题，不断增强人民群众的参与感、获得感、认同感；坚持依法保护，全面落实法定职责；坚持守正创新，尊重非物质文化遗产基本内涵，弘扬其当代价值。

以下是非遗传承与品牌推广管理机制的一些关键要素。

一、政府管理机构

政府在非遗传承与品牌推广中起着重要作用。建立专门的非遗管理机构，负责非遗传承的政策制定、资金投入、组织协调等工作。政府应制定相应的管理法规和政策，保护非遗传统，并提供支持和资源，以推动非遗品牌的推广和发展。

从行政上非物质文化遗产保护工作归属于文化行政部门，中央归属文化和旅游部，地方归属文化厅（局）的社文处（科）。而具体从事保护工作的机构各地不同，中央一级有中国非物质文化遗产保护中心，机构设在文化和旅游部下属的中国艺术研究院，各省、市也都设有非物质文化遗产保护中心，机构大多设在文化馆，有些省市设在艺研所，还有少数地方单设办事机构。

《中华人民共和国非物质文化遗产法》第六条规定："县级以上人民政府应当将非物质文化遗产保护、保存工作纳入本级国民经济和社会发展规划，并将保护、保存经费列入本级财政预算。"第七条规定："国务院文化主管部门负责全国非物质文化遗产的保护、保存工作；县级以上地方人民政府文化主管部门负责本行政区域内非物质文化遗产的保护、保存工作。县级以上人民政府其他有关部门在各自职责范围内，负责有关非物质文化遗产的保护、保存工作。"

（一）制定政策法规

政府管理机构应负责制定相关的政策法规，明确非遗传承与品牌推广的目标、原则和标准。这些政策法规可以包括非遗传承的保护措施、品牌推广的支持政策等，为非遗传承与品牌推广提供合法性和指导性。

（二）资金支持

政府管理机构应该在非遗传承与品牌推广方面提供财政资金的支持。这些资金可以用于非遗传承项目的培训、保护设施的修缮、品牌推广活动的组织等，帮助非遗项目得到更好的传承和推广。

（三）组织协调

政府管理机构可以承担组织协调的角色，促进非遗传承与品牌推广的各方合作。他们可以组织非遗传承者和相关专家进行研讨交流，推动传统技艺的传承和创新；还可以促进非遗项目与商业品牌、旅游机构等合作，拓展非遗的市场影响力。

（四）宣传推广

政府管理机构应该加强对非遗传承与品牌推广的宣传推广工作。他们可以通过媒体渠道、展览活动、文化节庆等方式，提升公众对非遗传承与品牌推广的认知和关注度，增强社会支持和保护意识。

（五）监督管理

政府管理机构应该对非遗传承与品牌推广进行监督管理，确保相关工作的顺利进行。他们可以制定监督检查机制，加强对非遗项目的评估和监测，对不符合要求或存在问题的情况进行整改和处理。

二、非遗传承机构

非遗传承机构是保护和传承非遗传统的重要力量。这些机构可以是文化部门、非营利组织、学术研究机构等。它们承担着收集、保存、研究和传承非遗传统的责任，并为品牌推广提供专业支持和指导。

非遗传承机构在非遗传承与品牌推广管理机制中扮演着至关重要的角色。以下是其中的关键要素。

（一）非遗保护规划和策略

非遗传承机构应该制定非遗保护规划和策略，明确非遗项目的传承目标、保护范围和措施。他们应该评估非遗项目的状况和价值，确定哪些项目需要特别保护和推广，制定相应的行动计划。

（二）传承培训和技艺传习

非遗传承机构负责组织和开展非遗项目的传承培训和技艺传习工作。他们应该建立培训机制，培养年轻一代的非遗传承人，传授他们传统技艺和知识，确保非遗项目得以延续。

（三）资源整合和协调

非遗传承机构应该整合和协调相关资源，包括人力、物力、财力等，以支持非遗项目的传承和品牌推广工作。他们可以与政府、企业、社会组织等建立合作关系，共同推动非遗传承和品牌推广的发展。

（四）品牌推广和市场开拓

非遗传承机构应该致力于非遗品牌的推广和市场开拓。他们可以开展品牌定位、形象塑造和推广活动，提高非遗品牌的知名度和美誉度。他们还可以与商业渠道合作，拓展非遗产品的销售渠道和市场份额。

（五）保护监督和评估

非遗传承机构应该进行保护监督和评估工作，确保非遗项目的传承和品牌推广符合相关标准和要求。他们可以建立监测系统，跟踪非遗项目的传承状况和品牌推广效果，并及时采取措施解决存在的问题。

三、品牌管理团队

品牌推广需要专业的管理团队来策划和执行推广策略。这个团队应该具备品牌管理、市场营销、传媒关系等相关专业知识和经验。他们负责制定品牌推广计划、品牌定位、市场分析、传播策略等工作，确保非遗传承与品牌推广的有效结合。

（一）品牌定位和策略

品牌管理团队应该负责制定非遗品牌的定位和策略。他们需要了解非遗项目的核心价值和独特之处，确定品牌的目标受众和市场定位，并制定相应的品牌策略，以便更好地推广和传播非遗品牌。

（二）品牌形象和视觉设计

品牌管理团队需要负责非遗品牌的形象和视觉设计。他们应该创造或改进品牌的标志、标识和视觉元素，使其能够准确传达品牌的核心价值和独特之处，并与非遗项目的传承内涵相契合。

（三）品牌传播和推广

品牌管理团队应该负责制定和执行非遗品牌的传播和推广计划。他们可以利用各种渠道和媒体，包括广告、社交媒体、公关活动等，将非遗品牌的故事和价值传递给目标受众，提高品牌的知名度和认可度。

（四）品牌合作与联盟

品牌管理团队可以与其他品牌、机构或组织建立合作关系或联盟，共同推广非遗品牌。他们可以寻找具有共同价值观和目标的合作伙伴，通过合作活动、跨界合作等方式扩大品牌的影响力和市场份额。

（五）品牌保护和管理

品牌管理团队应该负责非遗品牌的保护和管理工作。他们需要确保品牌的合法性和独立性，监测和应对品牌侵权行为，保护品牌的声誉和形象，并与相关部门合作，维护非遗项目的权益。

四、合作伙伴关系

与相关的合作伙伴建立良好的合作关系对于非遗传承与品牌推广至关重要。这些合作伙伴可以是企业、文化机构、设计师、艺术家、媒体等。通过与合作伙伴的合作，可以整合资源、扩大影响力、开拓市场，并提供专业支持和创新思路。

合作伙伴关系是非遗传承与品牌推广管理机制中的重要因素之一。以下是其中的关键因素。

（一）政府机构

政府机构在非遗传承与品牌推广中可以成为重要的合作伙伴。政府部门可以提供政策支持、经费投入和相关资源，协助非遗传承项目的保护与推广工作。另外，政府机构也可以为非遗品牌的推广提供宣传渠道和合作机会。

（二）文化机构

与文化机构的合作有助于非遗传承与品牌推广的管理与推进。博物馆、图书馆、文化中心等机构可以提供非遗项目的展示场所、文献资料和研究支持，促进非遗项目的传播与认知。合作伙伴关系还可以包括举办展览、培训课程、研讨会等活动，共同推动非遗的传承与创新。

（三）商业品牌

与商业品牌的合作可以为非遗传承与品牌推广提供更广泛的市场渠道和商业资源。商业品牌可以与非遗项目合作推出联名产品，将非遗元素融入产品设计与营销中，扩大非遗品牌的知名度和影响力。另外，商业品牌还可以提供品牌推广的经验和专业知识，共同开展市场推广活动。

（四）学术机构与专家

合作伙伴关系还可以建立在学术机构和专家团队之间。学术研究可以提供非遗项目的理论支持和学术认可，专家团队可以提供非遗传承与品牌推广的专业指导和技术支持。合作可以包括共同开展研究项目、组织学术交流和培训活动，促进非遗项目的创新与发展。

（五）社会组织与社区

社会组织和社区可以作为非遗传承与品牌推广的合作伙伴，发挥着重要作用。他们可以提供社区资源、人力支持和社会网络，协助非遗项目的组织与传承工作。与社区的合作还可以促进非遗项目与当地社区的互动与共融，增强非遗品牌的地域特色和社会认同。

五、资金支持与项目管理

非遗传承与品牌推广需要足够的资金支持。政府、文化机构、企业等可以提供资金赞助、奖励基金、补贴和项目投资等形式的支持。同时，建立有效的项目管理机制，确保资金的合理使用和项目的有效执行。

（一）资金支持

1. 政府投入

政府应提供经费支持，用于非遗传承与品牌推广项目的实施。这些经费可以用于培训传承者、研究保护措施、修缮设施、品牌推广活动等方面。

2. 资助和赞助

寻求来自各种机构、基金会和企业的资助和赞助，支持非遗传承与品牌推广项目的开展。合作伙伴可以提供资金支持，共同承担项目的经费需求。

（二）项目管理

1. 规划和策划

制定明确的项目规划和策略，明确项目目标、阶段性任务和时间计划。同时，考虑风险评估和可行性研究，确保项目的可持续发展。

2. 组织与协调

建立专门的项目管理团队，负责项目的组织和协调。确保各个环节的顺利进行，协调各方合作，提供必要的资源和支持。

3. 监督与评估

建立有效的监督机制，监测项目的进展和成效，及时发现和解决问题。定期进行评估，总结经验教训，优化项目管理策略。

（三）资源调配与利用

1. 人力资源

合理分配项目所需的人力资源，包括专业人才、非遗传承师傅等。组建专业团队，确保项目能够得到专业性的指导和支持。

2. 物质资源

合理调配和利用物质资源，包括场地、设备、工具等。确保项目所需的物质条件满足，保证项目的顺利进行。

3. 知识资源

整合相关的知识资源，包括传统技艺、文化资料等。加强与学术机构、专家团队的合作，提供专业的知识支持。

（四）风险管理

1. 风险评估

在项目策划阶段进行风险评估，识别可能出现的问题和风险因素。针对潜在风险制定相应的预案和对策，降低风险带来的不良影响。

2. 风险控制

通过有效的项目管理和监督机制，及时控制和应对风险的发生。建立反馈机制，及时调整项目策略和资源分配，确保项目的顺利进行。

六、教育培训与人才引进

非遗传承与品牌推广需要专业人才的支持。建立相关的教育培训体系，培养非遗传承与品牌推广的专业人才。同时，吸引优秀的人才加入非遗传承机构和品牌推广团队，为其提供良好的发展环境和激励机制。

通过上述管理机制，可以协调各方资源，保护和传承非遗传统，同时实现品牌推广的目标。这需要政府、非遗传承机构、品牌管理团队、合作伙伴以及相关利益相关者之间的密切合作和协调，以推动非遗传承与品牌推广的可持续发展。

第二节｜政府政策与支持措施

政府的政策和支持措施在非遗传承与品牌推广中起到至关重要的作用。以下是政府可以采取的一些政策和支持措施。

一、法律保护与政策支持

政府可以制定相关法律法规，明确非遗传承的法律地位和保护措施。这些法律法规可以包括非遗传承的权益保护、非遗项目的认定和申报程序、非遗传承机构的支持等。同时，政府可以出台相关政策，提供资金支持、税收减免、知识产权保护等方面的支持，以鼓励非遗传承和品牌推广的发展。

二、资金投入与项目支持

政府可以设立专项基金，用于支持非遗传承与品牌推广的项目。这些资金可以用于非遗项目的研究与保护、技艺传承的培训与推广、品牌推广活动的开展等方面。政府还可以通过招标、项目评审等方式，向具有潜力和价值的非遗传承与品牌推广项目提供经费支持和专业指导。

三、市场准入与渠道拓展

政府可以为非遗传承与品牌推广提供市场准入的便利。例如，降低相关行业的准入门槛、简化审批程序、提供展示和销售渠道等。政府还可以组织和支持非遗传承与品牌推广的展览、文化活动、市集等，为非遗项目提供更多的市场机会和曝光度。

四、教育培训与人才引进

政府可以加大对非遗传承技艺的教育培训力度。通过开设专业课程、培训班、工作坊等形式，培养和引进非遗传承与品牌推广的专业人才。政府可以与相关高校、研究机构、文化机构合作，建立产学研结合的培训体系，培养具有创新能力和市场意识的人才。

五、国际交流与合作

政府可以鼓励和支持非遗传承与品牌推广的国际交流与合作。通过组织展览、文化交流活动、国际合作项目等，促进非遗传统的国际交流与合作，拓展非遗传承与品牌推广的国际市场。政府可以提供资金支持、组织机构对接和政策指导等，加强与其他国家和地区的非遗传承与品牌推广的合作。

通过这些政策和支持措施，政府可以起到引领和推动的作用，促进非遗传承与品牌推广的发展，实现非遗传统的保护与传承，同时推动非遗品牌在市场中的发展和竞争力。

第三节 | 社会参与与合作推动

社会参与与合作是推动非遗传承与品牌推广的重要手段。通过与社会各界的广泛参与和合作，可以汇集更多的资源、智慧和力量，共同推动非遗传承与品牌推广的发展。以下是一些社会参与与合作的方式和途径。

一、社区参与

非遗传承与品牌推广应该与当地社区密切合作。社区是非遗传统的发源地和传承者的居住地，他们拥有丰富的非遗资源和传统知识。通过与社区居民的合作，可以深入了解非遗传统的内涵和背后的故事，倾听他们的意见和建议，共同制定推广策略，并鼓励他们积极参与非遗传承和品牌推广的活动。

二、产业合作

与相关产业进行合作是非遗传承与品牌推广的重要方式之一。通过与文创产业、设计师、制造商等合作，可以将非遗传统转化为具有商业价值的产品和品牌。产业合作可以包括合作设计、生产加工、销售渠道拓展等方面，共同打造非遗品牌，并实现共赢发展。

三、教育合作

教育机构在非遗传承与品牌推广中扮演着重要角色。与学校、大学、培训机构等教育机构进行合作，可以开展非遗传统的教育与培训项目，培养和传承非遗技艺的人才。通过在教育系统中引入非遗传统的课程和教学资源，提高公众对非遗传统的认知和重视程度，从而推动非遗品牌的推广与发展。

四、媒体合作

媒体是非遗传承与品牌推广的重要宣传渠道。与媒体进行合作，可以提高非遗品牌的曝光度和影响力。通过与电视、广播、报纸、杂志等媒体合作，开展非遗传统的宣传报道、专题节目、文化活动等，将非遗品牌的故事和价值传播给更多的观众和受众。

五、社交媒体合作

社交媒体是当今社会信息传播的重要平台。与社交媒体平台、意见领袖、网络红人等进行合作，可以扩大非遗品牌的影响力和传播范围。通过社交媒体的推广活动、内容创作、互动交流等方式，吸引更多的用户关注和参与，传播非遗品牌的故事和文化。

通过社会参与与合作，可以整合各方资源和力量，形成合力，推动非遗传承与品牌推广的发展。社会各界的参与和合作不仅可以提供更多的支持和资源，还可以拓展非遗品牌的影响力和市场空间，实现非遗传承与品牌推广的共同目标。

参考文献

[1] 潘吉星.中国造纸史[M].上海：上海人民出版社，2009.

[2] 王菊华.中国古代造纸工程技术史[M].太原：山西教育出版社，2004.

[3] 杨红.非物质文化遗产从传承到传播[M].北京：清华大学出版社，2019.

[4] 中国中央电视台.传承[M].南昌：江西美术出版社，2019.

[5] 刘仁庆.中国古纸谱[M].北京：知识产权出版社，2009.

[6] 宋应星.天工开物译注[M].上海：上海古籍出版社，2008.

[7] 吴春龙.谈书画装裱[M].呼和浩特：内蒙古人民出版社，2014.

[8] 临朐县地方志编纂委员会.临朐县志[M].济南：齐鲁书社，2004.

[9] 曹德明.国外非物质文化遗产保护的经验与启示[M].北京:社会科学文献出版
    社，2018.

[10] 杨红.非物质文化遗产[M].北京：清华大学出版社，2019.

[11] 刘仁庆.中国手工纸的传统技艺[M].北京：知识产权出版社，2018.

[12] 杨红.非物质文化遗产展示与传播前沿[M].北京：清华大学出版社，2017.

[13] 鲁春晓.新形势下中国非物质文化遗产保护与传承关键性问题研究[M].北京：
    中国社会科学出版社，2017.

[14] 苏易简.文房四谱[M].上海：上海书店出版社，2015.

[15] 李林宴.传统手工纸的制作与艺术应用——以葡萄纸为例[J].造纸装备及材
    料,2022,51(11)：1-3.

[16] 夏艳琳依,张晓楠.贵州传统手工纸调查[J].纸和造纸,2023,42(3)：41-47.

[17] 柳义祝.中国古纸手工纸纸名荟萃（连载）[J].纸和造纸,2023(2)：41-45.

[18] 陈飞.贵州传统手工纸在手制书设计中的应用研究[J].造纸信息,2022(1)：
    95-97.

[19] 李筠.传统手工纸在当代发展路径分析[J].中国造纸,2022(3)：124-125.

[20] 陈彪,朱玥玮,陈刚.在传统与现代的对话间解码手工纸——手工纸研究专家陈
    刚教授访谈录[J].广西民族大学学报(自然科学版),2022,28(2)：1-11.

[21] 周芮.起良村古法手工纸的文创设计探究[J]. 造纸信息,2022(10)：76-77.

[22] 舒文.桑皮纸研究综述[J]. 新疆艺术(汉文),2021(2)：126-130.

[23] 文化园里藏匠心桑皮纸上话传承[J].造纸装备及材料,2021,50(3)：96.

[24] 于福华,王敏.新疆桑皮纸制作工艺传承策略[J]. 新疆艺术(汉文),2018(3)：127-131.

[25] 李东晔.桑皮纸的前世今生[J]. 文化月刊,2020(5)：48-51.

[26] 陈文. 临朐桑皮纸:保留匠人手中的传统温度[J]. 走向世界,2016(14)：76-81.

[27] 周宇.皖西潜山、岳西地区手工桑皮纸发展和传统工艺流程考述[J]. 淮南师范学院学报,2010,12(3):68-70.

[28] 李晓岑.新疆墨玉县维吾尔族手工造纸调查[J].西北民族研究,2009(3):147-153,163,154.

[29] 唐家路,王涛,乔凯,等.山东曲阜纸坊村桑皮纸调查[J]. 装饰,2007(8):10-13.

[30] 王思琦.迁安桑皮纸工艺调查及实验分析[D]. 北京：北京印刷学院,2020.

[31] 武宣任.泽州地区桑皮纸制作技艺研究[D]. 太原：山西大学,2019.

[32] 窦科敏. 手工纸文创品牌推广研究[D]. 北京：清华大学,2018.

[33] 张闻箫.非物质文化遗产的推广研究[D].西安：西安美术学院,2016.

[34] 罗文伯. 中国手工造纸的现代化建构研究——基于典型手工纸田野调查的文化思考[D]. 合肥：中国科学技术大学,2018.

后　记

　　非物质文化遗产（intangible cultural heritage，简称非遗）是人类智慧与创造力的结晶，承载着一个国家或地区独特的文化记忆与身份认同。桑皮纸，作为中国传统手工造纸技艺的珍贵瑰宝，具有悠久的历史和文化传承。临朐作为桑皮纸的发源地之一，凭借其独特的地理环境、丰富的桑树资源和深厚的文化底蕴，成为手工造纸术的重要发展基地。然而，随着时代的变迁和社会的发展，临朐桑皮纸这一古老的非遗技艺面临着日益严峻的挑战，包括技艺传承的困境、市场竞争的压力以及文化价值的认知缺失等问题。为了保护和发展临朐桑皮纸这一独特的非遗项目，我们需要采取积极的措施来传承、保护和推广。

　　传承是非遗生命力的源泉，而品牌推广则是将临朐桑皮纸融入现代社会的重要途径。传承与品牌推广之间的相互关系将临朐桑皮纸带入一个新的时代，为其保护和发展提供了新的契机。本书旨在系统研究临朐桑皮纸的非遗传承和品牌推广问题，探索传统手工造纸技艺在现代社会的保护、传承及创新。通过对临朐桑皮纸的历史、制作工艺、传承现状和品牌推广策略的深入研究，我们希望能够为桑皮纸的传承者、研究者和相关从业者提供有益的参考和指导。

　　本书内容涵盖了临朐桑皮纸非遗传承与品牌推广的各个方面。首先，回顾了桑皮纸的历史渊源和特点，探讨了其在传统文化中的地位与价值。随后，深入剖析了临朐桑皮纸的制作工艺与技术，从原材料选择与处理、制作工艺流程、关键技术与工具等方面进行详细介绍。然后，对临朐桑皮纸的非遗传承现状进行全面调研与分析，探讨了面临的挑战和机遇，提出了相应的保护与传承策略。同时，关注临朐桑皮纸的品牌推广问题，从市场需求、营销策略、品牌形象等多个角度，提出了有效的推广方案和建议。

　　本书的核心观点是，传承与品牌推广是临朐桑皮纸可持续发展的两个关键要素，两者相辅相成、相互促进。传承保证了临朐桑皮纸制作技艺的延续性和纯正性，而品牌推广则为临朐桑皮纸赋予现代化的形象和市场化的力量。只有通过传承与品牌推广的双管齐下，才能够实现临朐桑皮纸的全面保护和发展。本书的目标是促进临朐桑皮纸非遗传承与品牌推广的研究与实践，为桑皮纸的保护与传承做出贡献。希望本书能够成为相关领域学者、研究机构、文化管理部门和从业者的重要参考资料，推动桑皮纸非遗传承与品牌推广工作的深入发展。

本书的撰写得益于众多临朐桑皮纸的传承者、研究者和相关从业者的悉心协助与支持。感谢临朐桑皮纸非遗技艺代表性传承人连恩平，他在不改变临朐桑皮纸特性的基础上，潜心挖掘，精心制作，用执着的坚守精神，坚持古法捞纸技艺的传承，避免了这一古老技艺的消失。感谢山东经贸职业学院李逾男教授，她是临朐桑皮纸技艺传承与品牌推广创新平台的主持人，正是在她的带领下，专业团队围绕临朐桑皮纸技艺传承开展了一系列卓有成效的工作，感谢团队成员史严梅、王坤、刘俊宁、刘丽等多位老师，他们的深入访谈、实地考察和专业知识分享，为本书提供了丰富的资料和案例，使本书具有更高的实用性和学术价值。

在此，我衷心感谢他们的辛勤付出和贡献。同时，我也要感谢中国纺织出版社有限公司和编辑团队的支持和帮助，没有他们的协助，本书的出版将无法顺利实现。

最后，我们期待临朐桑皮纸非遗传承与品牌推广的研究与实践能够取得更多突破与成果。希望本书能够为桑皮纸文化的传承、保护及创新提供新的思路和启示，推动传统手工造纸技艺在现代社会的传承与发展，让世人共同见证桑皮纸非遗的辉煌。

李加明
2023 年 9 月